GUIDE

DES

ÉTRANGERS

DANS

LE MUSÉUM

D'HISTOIRE NATURELLE

PUBLIÉ

AVEC L'AUTORISATION DE L'ADMINISTRATION.

Prix : 1 fr. 25.

SE VEND DANS LE MUSÉUM

Et chez L. CURMER, 47, rue de Richelieu (au Premier).

1855

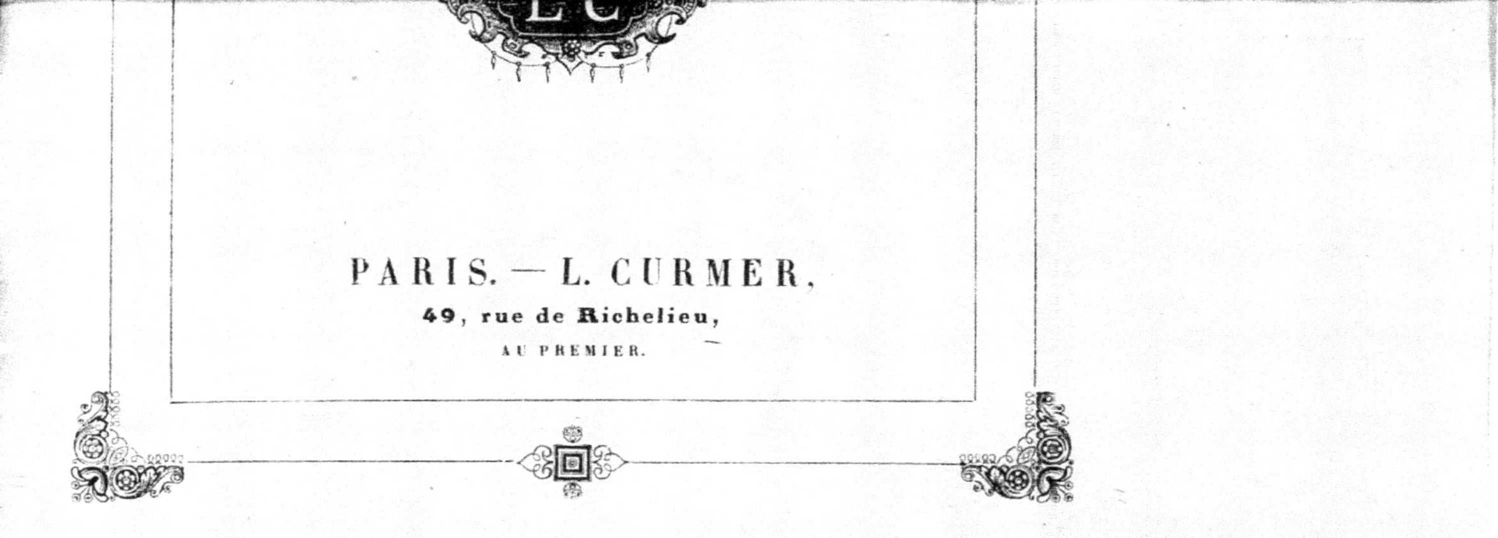

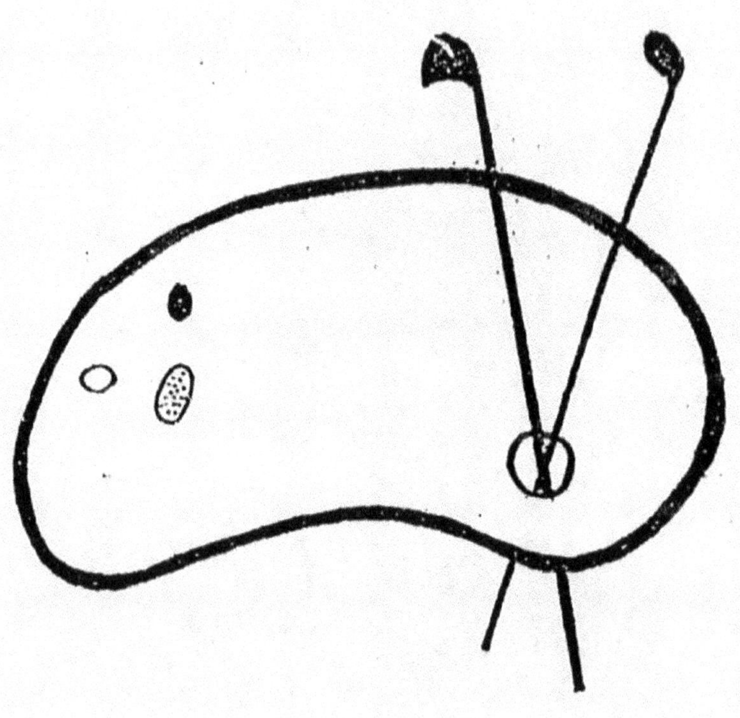

FIN D'UNE SERIE DE DOCUMENTS
EN COULEUR

AVIS.

A partir du 4 mai, les Galeries du Muséum d'Histoire naturelle sont ouvertes les mardis et jeudis, de 2 heures à 5 heures, et les dimanches, de 1 heure à 5 heures ;

AVEC BILLET D'ENTRÉE,

Les mardis, jeudis et samedis, de 11 heures à 2 heures.

GUIDE

DES

ÉTRANGERS

DANS

LE MUSÉUM

D'HISTOIRE NATURELLE

GUIDE

DES

ÉTRANGERS

DANS

LE MUSÉUM

D'HISTOIRE NATURELLE

PUBLIÉ

AVEC L'AUTORISATION DE L'ADMINISTRATION.

Prix : 1 fr. 25.

Se vend dans le Muséum, et chez L. CURMER, 47, rue de Richelieu.

M DCCC LV.

AVERTISSEMENT

L'administration du Muséum d'histoire naturelle est confiée à quinze professeurs, institués en vertu de la loi organique du 10 juin 1793.

La Ménagerie est ouverte au public *tous les jours*, de 11 heures à 6 heures, en été; de 11 heures à 3 heures, en hiver.

Les Galeries de Zoologie, de Botanique, de Minéralogie et d'Anatomie, sont ouvertes au public les *mardis* et *vendredis,* de 2 heures à 5 heures en été; de 2 heures à 4 heures en hiver. Les deux grands pavillons des Serres sont ouverts au public le *dimanche* de midi à 4 heures; les autres parties des Serres ne peuvent ordinairement être visitées que par les personnes munies de cartes spéciales.

La Bibliothèque est ouverte tous les jours, le dimanche excepté, de 10 heures du matin à 3 heures.

Les personnes qui désirent visiter cet établissement aux jours et heures où il n'est pas ouvert au public, doivent se présenter au bureau de l'Administration et exposer les motifs qui leur donnent droit à cette faveur. Là sont délivrées des cartes sur la présentation desquelles elles seront admises à visiter :

1° Les Galeries de Zoologie, d'Anatomie, de Botanique, de Géologie et de Minéralogie, les *lundis*, *jeudis* et *samedis*, de 11 heures à 3 heures;

2° Les Serres, les *lundis*, *jeudis* et *samedis*, de 10 heures à 2 heures, et de 3 heures à 6 heures;

3° Les Animaux vivants, tous les jours, d'une heure à quatre.

Pour les étrangers, le passe-port tient lieu de carte, et il leur suffit de le présenter pour être admis dans l'intérieur des Galeries et de la Ménagerie. Il est bon de rappeler, ainsi que cela est indiqué sur les cartes et sur de nombreux écriteaux, que *tout est gratuit* dans l'établissement, et qu'il est défendu aux gardiens de demander et de recevoir aucune rétribution des visiteurs.

Les voitures de place (*fiacres*, *mylords*, *citadines*, etc.) mettent un quart d'heure pour aller de la place du Palais-Royal à la grille d'Austerlitz, quand elles sont à la course quand elles sont à l'heure, elles mettent environ de 25 à 30 minutes.

Les voitures de ce genre stationnent dans la rue Geoffroy-Saint-Hilaire et à la grille d'Austerlitz. Les omnibus passent à chaque instant devant ces deux issues pour aller dans tous les quartiers de la ville ainsi qu'aux différents embarcadères des chemins de fer.

Nous aurions bien voulu placer ici l'indication des omnibus qui, partis des différents points de la capitale, peuvent déposer les visiteurs, soit à l'une des portes du Muséum, soit à une petite distance de cet établissement; mais la Compagnie générale, qui s'est récemment formée par la réunion des Compagnies spéciales, dont chacune exploitait précédemment telle ou telle ligne, est encore en plein travail de réorganisation. Plusieurs des anciennes lignes vont être changées; de nouvelles seront créées : les voitures ne se distingueront plus par leur couleur ou par leurs noms plus ou moins symboliques, mais par une simple lettre alphabétique perchée sur leur sommet.

Avant d'entrer dans la *Vallée-Suisse*, les personnes qui veulent laisser aux habitants de la Ménagerie un bon souvenir de leur visite, ne doivent pas manquer de se munir de quelques petits pains de seigle, pour lesquels le miracle de la multiplication deviendrait nécessaire si elles voulaient faire l'aumône à tous les mendiants velus ou emplumés qu'elles trouveront sur leur passage. Le concierge de la grille d'Austerlitz tient des rafraîchissements doux et des gâteaux. Des marchandes de gâteaux sont aussi dans le jardin. Il s'en trouve une en face des Serres tempérées, au bout de l'avenue

des marronniers qui borde à droite le Jardin-Bas. Une autre se tient dans l'avenue de tilleuls parallèle à celle dont nous venons de parler. Une troisième est établie sous le beau platane qui est au coin de l'Amphithéâtre, en face de la porte d'entrée de la Vallée-Suisse, et à côté de la fosse aux Ours. Deux autres enfin étalent leurs marchandises aux portes d'entrée de la Vallée-Suisse.

Restaurant, rafraîchissements. — Les visiteurs trouvent au café, qui est à l'extrémité de la Galerie de minéralogie adossée à la rue de Buffon, un restaurant où l'on peut déjeuner et dîner très-confortablement, et qui vend d'excellente bière.

Cabinets inodores. — Ils sont situés près de la grille de la rue de Buffon.

TOPOGRAPHIE GÉNÉRALE

ET DESCRIPTION SOMMAIRE DU JARDIN ET DES BATIMENTS.

Il est impossible de visiter avec profit un établissement tel que
le Muséum, si, avant de l'examiner dans ses diverses parties,
on ne s'est fait une idée de l'ensemble. L'étranger qui met le pied
pour la première fois dans cet immense jardin et qui aperçoit autour de lui tous ces vastes bâtiments, ces bosquets, ces parterres,
ces cabanes, ces longues allées où la vue se perd; l'étranger, di-
sons-nous, doit donc se trouver fort embarrassé. — De quel côté
se diriger? — Sur quel objet fixer d'abord son attention? — Par où
commencer? — Par où finir? — Comment se reconnaître dans
ce dédale?

Nous voulons, lecteur, vous prendre tout à l'heure par la main, et vous conduire à travers les merveilles rassemblées autour de vous, afin que vous ne perdiez rien du plaisir que leur vue peut vous procurer, et qu'en sortant du Muséum vous puissiez vous dire avec confiance et satisfaction : J'ai tout vu; — je le connais. — Encore ne sera-ce pas, sans doute, après une seule visite. Il vous faudra bien deux ou trois promenades consciencieuses; — des promenades d'un véritable amateur, faites méthodiquement, vous suffiront largement pour atteindre ce résultat sans fatiguer outre mesure vos jambes ni votre esprit. — Le monde n'a pas été fait en un jour, et il faut aussi plus d'un jour pour le parcourir. Eh bien ! le Jardin des Plantes, c'est, pour ainsi dire, une *réduction* de l'univers. C'est le résumé de la Création; animaux vivants et morts, minéraux, plantes de toute nature et de tout pays, tout est là. La capitale du monde civilisé n'a pas de plus merveilleux spectacle; en vain chercheriez-vous à Paris rien de plus intéressant, de plus éternellement beau. Chose rare et cent fois heureuse, le local qui renferme tant de trésors est, de tous points, digne de sa destination : ce serait encore la plus charmante promenade, si ce n'était le plus magnifique musée. L'ordre le plus parfait y règne au sein de la richesse et de la variété; chaque chose y est à sa place; mais le tout est de connaître cette place. Avant donc de s'engager dans une pérégrination suivie, à la recherche des objets vers lesquels votre curiosité vous pousse de préférence, il est indispensable de contempler quelques instants l'ensemble du pays, de reconnaître les grandes lignes, de fixer des points de repère, afin de pouvoir ensuite vous orienter et vous diriger.

Nous allons essayer de dresser sommairement pour vous l'état des lieux, et de vous donner du monument que vous allez visiter, cette idée synthétique que nous n'avons acquise, nous, qu'à la suite d'une laborieuse analyse.

Le Jardin des Plantes, successivement agrandi, débarrassé des entraves qui le gênaient, couvre, aujourd'hui, une étendue de quatre-vingt-dix arpents environ. Dégagé de tous les côtés, il a pour limite, à l'est, le quai Saint-Bernard; au sud, la rue de Buffon; à l'ouest, la rue Geoffroy-Saint-Hilaire, qui le sépare de l'hôpital de la Pitié; au nord, la rue Cuvier.

Bien des portes donnent accès dans le Jardin; entrez de préférence par la porte d'Austerlitz : c'est la porte principale, l'entrée d'honneur; son nom est moderne, sa date ancienne. De la grille qui la ferme vous jouissez d'un coup d'œil imposant, votre regard embrasse toute la profondeur du Jardin; les bâtiments du Cabinet d'Histoire naturelle apparaissent au loin, précédés d'une forêt d'arbustes et de plantes que bordent et dominent, de chaque côté, de superbes allées de tilleuls; vers le milieu de leur développement, ces belles allées présentent plus de hauteur; c'est qu'à partir de là elles sont l'œuvre de Buffon, et remontent à **1740**; le reste a été planté plus tard.

CARRÉS. — Voyez, devant vous, l'immense espace compris entre les allées : il est occupé par une suite de Carrés de plantes (*n° 90 du plan*), tous limités par des treillages en bois ou des grilles en fer, entourés d'arbres ou d'arbustes, consacrés chacun à une destination spéciale, et ouverts généreusement à l'étude. Dès votre entrée dans le Jardin, vous trouvez la bienfaisance unie à la science; le premier Carré qui s'offre à vous est celui des plantes médicinales : c'est l'officine du pauvre, tout s'y délivre gratuitement.

Au delà, toujours en face, sont les Carrés du Potager et des Plantes usuelles (*n° 95 du plan*); puis les Carrés Creux (*n° 94 du plan*), qui présentent un bassin de verdure : autrefois, ils étaient remplis d'eau et servaient aux plantes aquatiques, que nous retrouverons ailleurs. Viennent ensuite le Carré du Fleuriste (*n° 93 du plan*) et les Carrés Chaptal (*n° 92 du plan*), séparés par un bassin circulaire : on y cultive les plantes étrangères herbacées vivaces.

En suivant, de la porte d'Austerlitz, où nous nous sommes tenus en entrant, cette longue série d'enceintes verdoyantes, votre œil atteint la grille qui sépare le jardin de la cour du Cabinet d'Histoire naturelle. Mettons-nous en marche maintenant ; commençons un voyage qui sera trop varié pour devenir ennuyeux, et où l'intérêt nous soutiendra contre la fatigue, si elle se faisait sentir.

Dirigez-vous à gauche, et entrez sous l'une des deux allées de tilleuls : en la parcourant dans toute sa longueur, vous aurez, à droite, les Carrés du milieu, dont je vous parlais tout à l'heure ; à gauche, et dans des enceintes semblables, le long de la grille de la rue de Buffon, les Carrés du Printemps (*n° 101 du plan*), d'Été (*n° 100 du plan*), et ceux de l'Automne (*n° 99 du plan*), les Carrés des Arbres verts (*bosquets d'hiver, n° 98 du plan*), puis le Carré des Semis de la pépinière (*n° 97 du plan*) : je vous les montre seulement et vous les nomme ; en ce moment, nous nous promenons partout sans nous arrêter nulle part. Nous ne profiterons pas encore de ces siéges et de ces tables rangées au-devant de ce chalet (*n° 104 du plan*) élevé au bout du Carré des Semis de la pépinière, quelque engageant qu'en soit l'aspect : c'est un Café où l'on relève ses forces éprouvées par une longue excursion ; on y jouit d'une vue charmante, du calme et de la fraîcheur ; on s'y abrite sous le premier Sophora du Japon qui ait fleuri en Europe, et sous le premier Acacia venu de l'Amérique septentrionale ; planté par Vespasien Robin en 1635, cet arbre vénérable est le père de l'innombrable postérité qui fait l'ornement de nos parcs et de nos jardins.

2

Passons. Le long bâtiment à deux frontons (*n*ᵒˢ **10**, **11**, **12** *du plan*), qui s'étend parallèlement aux Carrés Chaptal, précédé d'une grille et de quatre petits carrés de fleurs, de gazon et d'arbustes, contient, sur un développement de cent quatre-vingts mètres, les Galeries de Botanique, puis celles de Minéralogie, enfin la Bibliothèque et les Salles pour les leçons de dessin et de peinture des plantes.

MAISON DE BUFFON. — Traversons la grille qui nous sépare de la cour. A gauche, cette maison à deux étages (*n*ᵒ **21** *du plan*), d'élégante et modeste apparence, c'est celle qu'habitait Buffon; c'est là qu'il recevait les hommages de l'Europe savante, qu'il accomplissait ses immenses travaux, et traçait ses immortels écrits.

Dans toute la longueur des galeries de la cour s'étend le bâtiment des Galeries d'Histoire naturelle (*n*ᵒ **13** *du plan*); vous visiterez à loisir ces trois étages de salles où s'étalent, dans un ordre parfait et une admirable conservation, toutes les richesses de ce qui a vécu jadis sous le nom de règne animal. Montez les quelques marches d'un escalier facile et orné de fleurs, et, vers votre gauche, vous suivrez une terrasse qui borde la rue, autrefois du Jardin-du-Roi, aujourd'hui rue Geoffroy-Saint-Hilaire.

FONTAINE GEORGES CUVIER. — A travers des massifs de verdure, vous descendez à un joli bassin couvert de lierre, qui reçoit les eaux d'un réservoir (*n*ᵒ **19** *du plan*). En face, à l'angle des deux rues, est une porte, et au delà vous voyez une fontaine monumentale, chargée des attributs de l'Histoire naturelle; elle porte le nom de Cuvier. Mais ne sortons pas du Jardin, nous avons encore tant à y voir!

GRAND LABYRINTHE. — Prenez le premier chemin que vous verrez s'ouvrir entre les massifs; il vous introduit dans la partie haute du Jardin; des allées sinueuses pratiquées avec art, peuplées de toutes les variétés d'arbres verts, forment le Grand Labyrinthe, délicieuse promenade où votre œil est charmé, votre intelligence instruite, votre cœur ému. Ici, vous rencontrez le chêne vert de Montpellier, les ifs et les pins d'Italie, plantés par Tournefort en 1698; le majestueux cèdre du Liban (*n° 87 du plan*), ce témoin séculaire du passé, qui a couvert de son ombre des générations de visiteurs. Tout près de cet arbre orgueilleux se cache le modeste monument élevé à Daubenton (*n° 86 du plan*) : une simple colonne, des plantes, du soleil, de l'air et de

l'ombre, le voisinage des collections, voilà bien la tombe de l'homme qui a voué une longue et paisible vie à l'étude de la Nature.

Engagez-vous dans les spirales du Labyrinthe, elles vous mèneront au sommet de la colline : vous y jouirez du panorama de Paris (*n° 85 du plan*); vous le contemplerez à votre aise, assis sur les bancs du Kiosque de bronze, belvédère admirablement placé, dont l'entrée porte cette inscription ambitieuse et puérile : *Horas non numero nisi serenas.*—Je ne compte que les heures sereines, — gravées autour d'un cadran solaire. — Ce genre de chronomètre, en effet, n'indique les heures que quand le temps est beau. On sait que, pour nos pères, une horloge ou une fontaine sans inscription latine était un meuble incomplet.

SERRES. — En descendant, repassez sous le cèdre, et un chemin qui vous donnera l'illusion d'un paysage des Alpes vous conduira entre deux superbes pavillons vitrés (*n° 15 du plan*). Ces palais transparents sont les Serres chaudes, suivies, d'un côté, d'une longue ligne de Serres courbes, au devant desquelles s'élève la nouvelle Serre à deux pans, qui contient, à droite, les *Orchidées* (plantes parasites); à gauche, les *Fougères*; au centre, un *Aquarium*, pour les plantes aquatiques des pays chauds; enfin, au bas de ces trois Serres, la Serre à multiplication; là, vivent, réchauffées par une hospitalité ingénieuse et savante, des milliers de plantes auxquelles notre soleil serait glacial et mortel. Elles sont immenses, ces Serres nouvelles, et pourtant elles sont déjà insuffisantes comme les carrés qu'elles protégent et qu'elles desservent; les bras de l'homme sont si petits quand ils veulent tenir toute la nature !

AMPHITHÉATRE. — Revenez un peu sur vos pas. Derrière les Serres, à droite, vous parcourez, sur une colline peu élevée, les allées pittoresques du Petit Labyrinthe (*n° 88 du plan*). A son extrémité septentrionale se dessine, comme une vaste corbeille rafraîchie par un jet d'eau, un gazon circulaire où l'on dépose les caisses des orangers et des autres arbustes délicats. D'élégants palmiers s'élancent à la porte du Grand Amphithéâtre (*n° 9 du plan*), dont cette pelouse semble être la gracieuse salle d'attente. Ces palmiers ont été donnés aux premières serres du jardin par Gaston d'Orléans, frère de Louis XIII. L'Amphithéâtre a quelque chose d'imposant dans ses formes compliquées et un peu lourdes ; il inspire le respect pour les grands hommes qui y ont professé, et pour la présence des hommes éminents qui y perpétuent les traditions de la science et du dévouement. Ce bâtiment fut commencé en **1782**, sur les dessins de l'architecte Verniquet, auteur du plan de Paris.

A côté, une cour s'ouvre sur la rue de Cuvier; elle renferme les bâtiments de l'Administration et des laboratoires (*n° 8 du plan*).

MAISON DE G. CUVIER. — Derrière le grand Amphithéâtre, vous apercevez une de ces maisons, célèbre entre toutes, celle où a vécu Georges Cuvier; puis, tout près, à la portée et comme sous la main de ce grand naturaliste, les instruments ou plutôt le témoignage et les preuves de la science créée par son génie, les innombrables pièces d'anatomie comparée qui remplissent tout un musée renfermé dans un vaste bâtiment (*n° 14 du plan*);

plus tard, vous admirerez cette immense collection sans précédent et sans égale. Quant à présent, jetez seulement un coup d'œil sur la cour, ornée d'ossements trop grands pour trouver place dans les galeries, et du squelette monstrueux d'un Cachalot; saluez en passant le petit amphithéâtre annexé au Musée, et d'où se sont répandues les lumières de la science inaugurée par Cuvier.

MÉNAGERIE ERPÉTOLOGIQUE. — Après quelques jolies habitations d'employés, se présente un petit édifice (*n° 29 du plan*), que l'on prendrait pour une serre; approchez de son vitrage: vous reconnaîtrez, non peut-être sans quelque frémissement, le Musée erpétologique, séjour des Reptiles vivants, où les soins les plus intelligents et les plus courageux entretiennent la vie et permettent d'observer les mœurs du terrible Crotale, du Trigonocéphale, du Caïman, de la Vipère et d'une foule d'autres animaux, qui excitent tout l'intérêt de l'étude, tandis qu'ils n'inspirent au vulgaire que la frayeur ou le dégoût.

VALLÉE-SUISSE. — Passez devant les grands ateliers, les magasins et remises (*n° 20 du plan*), que nécessitent les besoins si variés de l'établissement; vous trouverez encore, à gauche, quelques habitations de modeste apparence, noyées dans des massifs de luxuriante verdure. Un beau carré d'arbres fruitiers (*n° 103 du plan*) aboutit à la porte du quai Saint-Bernard; la grille qui longe le quai vous mènerait jusqu'à la porte d'Austerlitz; n'allez pas si loin : suivez seulement le Carré d'arbres fruitiers qui borde le quai, et qui est séparé de l'autre par un beau parc (*n°s 51, 52, 53 du plan*), où vous verrez courir à la fois nos Daims de France, le Daim de Grèce, le Kanguroo de la Nouvelle-Hollande. Maintenant, arrêtez-vous, et, tournant le dos à la rivière, regardez, dans la profondeur du Jardin, ces enceintes gazonnées, ces touffes d'arbres, ces treillages élevés, ces huttes, ces chalets, ces constructions de toutes grandeurs et de tous caractères, ces chemins sablés qui s'enfoncent dans toutes les directions ; cet ensemble si pittoresque, si attrayant, s'appelle, sans doute à cause de sa fraîcheur et de sa variété, la Vallée Suisse ; il est bien entendu que vous n'y verrez ni vallons, ni montagnes ni lacs, ni cascades, ni glaciers.

CAGES DES ANIMAUX FÉROCES. — Voici d'abord la Ménagerie des animaux féroces (*n° 28 du plan*) ; l'odorat, avant la la vue, vous avertit de la présence de ces redoutables hôtes. Leurs loges, fortement grillées du côté du public, s'ouvrent par derrière : toutes les précautions de sûreté sont prises. La Ménagerie n'est pas un objet de vaine curiosité ; un vaste terrain, qui en dépend, est consacré aux expériences physiologiques.

PARCS. — A gauche, et comme pour faire contraste aux farouches habitants des loges, de gracieux parcs, limités par des claire-voies, renferment des Moutons d'Astracan, des Cerfs de diverses espèces, des Zèbres, le Dauw et le Cerf cochon, mammifères qui se multiplient facilement dans nos ménageries. Prenez ensuite à droite, après avoir traversé des parcs de Moutons d'Abyssinie, vous êtes devant l'immense Rotonde où les Singes (*n° 27 du plan*) gambadent, jouent, grimacent et mangent; on a appelé cela un palais : vous verrez si ce n'est pas à la fois un gymnase, un réfectoire, un dortoir, un théâtre; après tout, qu'importe le nom? A côté de ces remuants quadrupèdes, un terrain et un bâtiment ont été réservés pour les expériences physiologiques. Plus à droite encore, vous avez devant vous la Fauconnerie (*n° 25 du plan*), où derrière des grillages, à l'air et au soleil, perchent les Oiseaux de proie de nos climats et des pays étrangers. A droite de ce parc, se trouve (*n° 26 du plan*) le parc aux Tortues.

FAISANDERIE. — Retournez-vous quelque peu, un plus aimable spectacle vous attire : la Faisanderie (*n° 24 du plan*), cet hémicycle de fil de fer, cette réunion de cages spacieuses, retient prisonniers de beaux et pacifiques Oiseaux : le Faisan, la Perdrix, la Colombe, le Rossignol, et cent autres; un bassin, qui se trouve placé derrière ce bâtiment et que vous pouvez apercevoir de l'extrémité septentrionale de la volière, donne l'hospitalité aux Oiseaux aquatiques précieux, tels que le Pélican, l'Ibis sacré.

ROTONDE. — Les captifs emplumés ne sont séparés que par le parc aux Hémiones (*n° 62 du plan*), de la massive Rotonde (*n° 23 du plan*), flanquée de pavillons, qui reçoit les plus grands, ou les plus vigoureux, ou les plus délicats des Herbivores. De ce square à bêtes, où une bonne police, avec de larges poutres et de forts barreaux de fer, maintient l'ordre et la tranquillité, sortent dans des parcs affectés à leur promenade, la Girafe élancée, le pesant Éléphant, l'utile et obéissant Chameau; d'autres y figurent encore quand l'âge ou le climat leur permet de vivre pour notre plaisir et notre instruction.

Tout autour de la Rotonde s'étendent de grands parcs ombragés, divisés en nombreux compartiments, disposés selon les mœurs de leurs habitants; ici les Rennes, un peu plus loin les Cerfs de Virginie et le Bubale, les Couaggas; là les Autruches et les Casoars, et leurs voisins les Axis, et l'armée de nos oiseaux aquatiques, partageant leur mare et vivant en bonne intelligence avec de gros Buffles pacifiques; au delà les Moufflons et les Chamois, puis les Alpacas et les Cerfs du Malabar. Tous ces hôtes du Jardin, et d'autres que je ne puis seulement pas vous nommer, tant cette population est mobile : les Lamas, les Gazelles, etc., ont de charmants logis, commodes pour eux, pittoresque pour nous : devant les cabanes, les murs, les ruines, les huttes, ils peuvent se croire dans leur pays, et nous pouvons nous figurer que nous y sommes avec eux; au Jardin des plantes, on devient cosmopolite.

FOSSES AUX OURS. — Vous devez, c'est une tradition constante des promeneurs, une station aux trois fosses à compartiments où l'on retient les Ours (*n° 30 du plan*). Leur pesante démarche amuse, on aime leur maladresse; on excite leurs lourdes gentillesses par la gourmandise.

SERRES TEMPÉRÉES. — Nous voici à l'Orangerie (*n° 17 du plan*). Elle est spacieuse, simple, bien disposée; au devant, tournées vers le Midi, sont les Serres tempérées et les Serres des Orchidées; deux enclos, bien abrités, renferment des couches et semis (*n° 89 du plan*). Une avenue, parallèle à l'allée des Tilleuls du côté droit, longe dans toute leur étendue les écoles de Botanique. Deux immenses rectangles, fermés par des grilles de fer, ouverts aux deux extrémités, entourés d'arbres rafraîchis par des bassins circulaires, contiennent de nombreux carrés où sont cultivées les innombrables plantes nécessaires à la belle science des Linné, des Jussieu.

L'enseignement y puise comme dans un réservoir intarissable, et l'étude y trouve toujours un libre accès (*n° 90 du plan*). Dans une de ces enceintes s'élève le pin Laricio (*n° 91 du plan*). A l'extrémité des écoles de Botanique, on a logé les plantes aquatiques (*n° 102 du plan*), complément des richesses végétales du Jardin.

Nous voici revenus à notre point de départ, la grille d'Austerlitz. Vous pourriez maintenant, à la rigueur, recommencer sans nous votre promenade; nous vous accompagnerons encore pourtant, si vous le permettez, et nous vous servirons de *cicérone*, non pour vous indiquer la place et vous décliner les noms, qualités, propriétés de chaque animal, de chaque plante, de chaque objet; un gros volume ne nous suffirait pas, et, d'ailleurs, notre peine serait superflue, car l'Administration du Muséum ne laisse rien à désirer, sous ce rapport, à la curiosité des visiteurs, et ses hôtes animés et inanimés vous diront eux-mêmes, par l'écriteau placé devant leur cage, ou leur parc, ou leur vitrage, ou suspendu à leurs branches, ce qu'ils sont et d'où ils viennent; ils vous le diront en latin et en français, — en latin surtout, car c'est la vraie langue des savants; — mais nous vous accompagnerons, ne fût-ce que pour jouir de votre admiration, et pour vous faire les honneurs d'un établissement national dont nous avons le droit d'être fiers. Nous suivrons à peu près, dans cette exploration, le même itinéraire que dans notre première reconnaissance, mais nous ralentirons le pas, et nous nous arrêterons à notre gré devant les carrés, les parcs, les cages, etc. De plus, nous pénétrerons dans les Serres, dans les Galeries, et nous les parcourrons avec vous. Nous ne vous quitterons enfin qu'après nous êtres consciencieusement acquittés jusqu'au bout de la mission qui nous est dévolue.

ÉCOLE DE BOTANIQUE

LES CARRÉS.

PARTERRE MÉDICINAL. — En face de nous, s'étendent quatre Carrés (*n° 96 du plan*) consacrés à la culture des plantes médicinales. Elles y sont déposées par bandes et étiquetées, pour que les herboristes, les cultivateurs et les étudiants en pharmacie puissent les examiner dans tout leur développement.

Le Carré qui vient à la suite du *Parterre médicinal* porte le nom de *Carré potager* (*n° 95 du plan*). On y cultive les plantes potagères et usuelles.

CARRÉ CREUX. — Le *Carré creux* (*n° 94 du plan*), au fond duquel il y avait, autrefois, un bassin destiné à la culture des plantes aquatiques qui devaient recevoir par infiltration les eaux de la Seine, est maintenant consacré à la culture des plantes à fleur, dont on veut étudier l'effet pour l'ornementation des jardins.

CARRÉ FLEURISTE ET CARRÉ CHAPTAL. — Après le Carré creux, viennent le *Carré fleuriste* (*n° 93 du plan*), les *Carrés Chaptal* (*n° 92 du plan*), où l'on cultive les plantes d'ornement vivaces. Le parterre Chaptal doit son nom au ministre qui accorda les fonds nécessaires pour l'établir. Vous y pourrez admirer de longues lignes d'*Iris*, des *Pivoines*, des *Martagons*, des *Asters*, des *Dahlias*, des *Géraniums*, et de charmantes fleurs propres aux bordures.

CARRÉ POTAGER. — Dans le Carré potager et des plantes usuelles (*n° 95 du plan*), qui suit immédiatement le Parterre des plantes médicinales, les plantes ne sont point rangées selon une méthode botanique, mais par ordre de propriétés. Il y a des Carrés pour les plantes qui nourrissent l'homme, pour les plantes propres à servir de fourrages, et pour les plantes employées dans les arts. Là ce sont les Céréales (*Froment*, *Avoine*, *Orge*, *Seigle*, *Maïs*); les Légumes farineux (*Haricots*, *Fèves*, *Pois*, *Lentilles*, etc.); les plantes potagères (*Patates*, *Topinambour*, *Scorsonère*, *Choux*, *Épinards*, *Oseille*, *Artichauts*, *Choux-Fleurs*, *Capucines*, *Courges*, *Melons*); les Semences ou les feuilles aromatiques (*Coriandre*, *Anis*, *Fenouil*, *Persil*); les plantes mangées en salade (*Laitue*, *Chicorée*, *Mâches*). Là sont aussi les plantes textiles (*Lin*, *Chanvre*, *Phormium tenax*); les plantes tinctoriales (*Garance*, *Pastel*); les Herbes à fourrages (*Graminées*, *Trèfles*, *Luzernes*, *Sainfoin*); enfin, le *Houblon*, le *Tabac*, le *Chardon à foulon*, qui ont un usage particulier.

L'École des plantes usuelles est une véritable *ferme-modèle* en raccourci. Chaque massif représente un champ destiné à chacun des Végétaux herbacés qui sont utiles à l'homme, et qui peuvent croître dans nos climats. On a soin d'alterner les cultures, pour ne pas mettre plusieurs années de suite les mêmes plantes dans le même terrain ; cette *alternance* est fondée sur la propriété spéciale, appartenant à chaque plante, de ne puiser dans le sol que les matériaux qui lui conviennent, et de laisser ceux qui ne peuvent la nourrir, mais qui pourraient nourrir une espèce différente.

PÉPINIÈRE. — Sortons maintenant du Jardin pour visiter la Pépinière centrale, située dans les terrains dépendants du Muséum, qui se trouvent de l'autre côté de la rue de Buffon (*n°* 106 *du plan*). C'est là qu'on élève les Arbres, Arbrisseaux et Arbustes nécessaires pour garnir les différentes parties du Jardin. On y propage toutes les espèces intéressantes nouvellement introduites, ou non encore répandues dans le commerce, et l'on en donne de jeunes pieds aux correspondants du Muséum.

BOSQUETS. — En rentrant dans le Jardin par la porte de la rue de Buffon, nous arrivons, après avoir traversé le *Bosquet d'été* (*n° 100 du plan*), dans les succursales de la Pépinière. C'est d'abord un carré clos qui contenait d'abord exclusivement une collection des arbres dont les feuilles et les fruits se colorent pendant l'automne. De là, son nom de *Bosquet d'automne* ; maintenant, c'est une école des Arbres à fruits à noyaux, tels que Pruniers, Cerisiers et Abricotiers (*n° 99 du plan*).

Le carré qui fait suite à celui d'où nous sortons était primitivement consacré aux Arbres dont la verdure se conserve toute l'année. De là, son nom de *Bosquet d'hiver* (*n° 98 du plan*) ; mais les Arbres verts n'y ont pas prospéré, et il n'en reste qu'un petit nombre. Ce carré sert maintenant à la propagation, par boutures, des Arbres et des Arbustes.

Le troisième carré, celui qui est le plus voisin du Cabinet de Botanique et de Minéralogie, est le *carré des semis* de la Pépinière. Son nom indique assez sa destination, et nous allons retrouver tout à l'heure, à quelque distance de là, un autre enclos consacré aux couches et aux semis ; mais, pour y arriver, il nous faut traverser le Jardin Botanique du sud au nord, en passant entre le *Carré Chaptal* et le *Carré fleuriste*.

ÉCOLE DE BOTANIQUE. — De l'autre côté de l'allée septentrionale de Tilleuls, entre cette allée et celle des Marronniers, s'étendent encore de vastes carrés (*n° 90 du plan*). Ils forment l'É-

cole de Botanique proprement dite. C'est là qu'il vous faudrait entrer et passer de longues heures, si vous vous proposiez de vous approprier les secrets de la nature, en ce qui concerne l'organisation et le développement des Végétaux, si vous vouliez savoir ce que tant de grands hommes n'ont appris qu'à force de recherches, de voyages, de veilles, si vous aspiriez enfin à posséder cette vaste science qu'on nomme Botanique ; mais telle n'est pas votre ambition, et je m'en félicite, car il me serait, hélas ! impossible de la satisfaire, et force me serait de vous conduire d'abord à ce bâtiment modeste situé contre le mur de la rue Cuvier, entre les Galeries d'Anatomie et les Ateliers ; c'est là que vous trouveriez, parmi les illustres professeurs qui l'habitent, un guide capable de vous conduire dans ces immenses carrés, et de vous initier aux mystères de science qu'ils recèlent.

Mais vos désirs sont modestes ou vos instants comptés, vos affaires vous appellent tout à l'heure loin de ce séjour, et vous voulez voir le plus rapidement possible ce que le Muséum offre de plus remarquable, en même temps que de plus facile à observer. Arrivons donc tout de suite aux Jardins des Semis et de Naturalisation (*n° 89 du plan*).

JARDIN DES SEMIS. — Le Jardin des Semis, destiné à entretenir et augmenter les richesses végétales du Muséum, n'existe que depuis 1786 ; Buffon en confia l'ordonnance à André Thouin, jardinier en chef. Dans cet enclos, abrité par sa position contre les vents et le soleil, on sème, on fait lever, on conduit jusqu'à l'époque de la transplantation, les Végétaux de tous les climats. La porte d'entrée est au bout de la terrasse de deux cents pieds de long, qui occupe le devant de la Serre tempérée. Pendant la belle saison, cette terrasse est garnie des Arbres et Arbrisseaux qui ont passé l'hiver dans la Serre : vous pouvez, de l'allée des Marronniers, jouir du coup d'œil magnifique de cette exposition.

Dans ce jardin garni de châssis et de couches, les Plantes sont distribuées d'après la nature du climat qui leur convient : les unes sont constamment protégées par des châssis, et trouvent, dans des couches chaudes, la température de leur patrie; ce sont les Plantes *tropicales*. Les autres, qui appartiennent à des régions tempérées, sont abritées également contre les vents du nord et les ardeurs du soleil. D'autres, enfin, sont placées de manière à ne recevoir que quelques rayons, le matin et le soir : ce sont les Végétaux des régions polaires et des montagnes couvertes de neiges éternelles.

Dans le milieu de la plate-bande s'ouvre la porte du passage souterrain et voûté, qui conduit à l'École de Botanique, en traversant sous l'allée des Marronniers.

JARDIN DE NATURALISATION. — Le Jardin de Naturalisation est à l'est de celui que nous venons de visiter; il en est séparé par une plantation de hauts Thuyas et un mûr de clôture, au milieu duquel est la porte d'entrée; sa largeur est d'abord la même que celle du Jardin des Semis, mais il se rétrécit en allant vers l'est, ce qui rend sa forme irrégulière. La face qui se présente au levant est destinée à recevoir, pendant l'été, la plupart des Arbres et des Arbustes de la Nouvelle-Hollande, qui ont passé l'hiver dans la Serre tempérée. Ce Jardin est coupé transversalement par deux allées de Thuyas, qui sont rapprochés les uns des autres, et sous lesquels on élève en pots les Plantes qui croissent dans les forêts les plus épaisses, et ont besoin d'être cultivées à l'ombre. Le reste du Jardin est divisé en plates-bandes destinées à la culture des Plantes vivaces de pleine terre les plus intéressantes et les plus rares.

ÉCOLE DES ARBRES FRUITIERS. — Nous n'avons pas entièrement fini avec les Carrés. Il en est encore que je ne vous ai point montrés, parce qu'ils sont, pour ainsi dire, *dépaysés* et comme perdus dans l'encoignure nord-est de la Vallée Suisse, près de la grille qui s'ouvre à la jonction du quai Saint-Bernard et de la rue Cuvier. Ces Carrés, que vous pourrez voir un peu plus tard, sont appelés des Arbres fruitiers. Les Végétaux qu'on y cultive occupent des planches différentes, selon la nature de leur fruit. Les Arbres ou Arbrisseaux dont le fruit est une *baie,* tels que les *Groseillers,* les *Framboisiers,* les *Vignes,* les *Mûriers,* sont rangés dans la première division; dans la seconde, se trouvent les Arbres dont le fruit est à *noyau,* comme les *Cerisiers,* les *Pruniers,* les *Pêchers;* dans la troisième, sont les fruits à *osselets,* comme les *Néfliers,* les *Azeroliers,* les *Plaqueminiers;* dans la quatrième, les fruits à *pépins,* tels que les *Pommiers,* les *Sorbiers,* et les fruits *juteux,* tels que la *Figue;* dans la cinquième, les fruits dont on mange seulement l'amande, qui est renfermée dans une coque : ce sont les *Pins,* les *Noisetiers,* les *Noyers,* les *Châtaigniers,* etc. La plupart des ces Arbres sont taillés en *quenouille;* mais nous trouverons au bas de la plantation quelques Pêchers et autres Arbres disposés en espaliers. En adoptant la taille en quenouille dans l'École des Arbres fruitiers, on n'a pas eu pour but d'indiquer la manière de conduire les Arbres pour leur faire produire beaucoup de fruits et pour les faire durer longtemps; on a préféré cette taille parce qu'elle économise le terrain, et met à portée de l'observateur les bourgeons, les feuilles et les fruits de l'Arbre, et fait pousser des *scions* plus longs et plus vigoureux, ce qui donne le moyen d'avoir un plus grand nombre de *greffes*.

Vous verrez dans cette plantation toutes les *variétés* d'Arbres fruitiers rapprochées les unes des autres selon leurs affinités, et vous pourrez facilement les comparer : les fruits des différentes saisons s'y succèdent depuis le mois de mai jusqu'au mois de novembre ; ils y ont disparu dans certaines variétés, tandis qu'ils ne sont pas encore mûrs dans d'autres. On peut, en hiver, y étudier les caractères qui font distinguer les variétés par la couleur du bois et la forme des boutons : connaissance précieuse pour les cultivateurs, puisque c'est après la chute des feuilles que se font les plantations.

Mais nous sommes auprès de ces *Palais de Cristal* où les Plantes exotiques s'abritent des rigueurs de nos climats. Tirez votre carte de votre portefeuille, et entrons d'abord dans celui qui se trouve en face de nous.

LES SERRES.

1° SERRES TEMPÉRÉES.

La grande Serre tempérée, communément nommée *Orangerie* (*n° 17 du plan*), n'existe que depuis quarante ans ; elle a deux cents pieds de longueur, vingt-quatre pieds de largeur, vingt-sept pieds de hauteur. La porte est large de dix pieds et haute de vingt-quatre, pour qu'on puisse aisément faire entrer et sortir les Arbres. Il y a, sur le mur du fond, des poêles avec des tuyaux de chaleur, mais on n'y fait du feu que quand la température du dehors descend à quatre degrés au-dessous de zéro; les croisées s'ouvrant au midi, il suffit du moindre rayon de soleil pour entretenir une douce chaleur.

Les Arbres qu'on abrite dans la Serre tempérée sont originaires, les uns de l'Asie Mineure, de la Grèce et des autres contrées de notre hémisphère, dont le climat est semblable à celui de l'Espagne; les autres viennent de climats aussi froids que celui de la France; mais comme leur été correspond à notre hiver, et qu'ils fleurissent pour la plupart pendant cette saison, on ne peut les laisser en pleine terre; il en est cependant plusieurs dont on finira par retarder la floraison, de manière qu'ils puissent fleurir pendant l'été, et passer ensuite impunément l'hiver en pleine terre.

On loge les caisses dans cette Serre au mois d'octobre; on les en retire au mois de mai: on place les unes dans le *grand Rond*, les autres dans la grande allée transversale qui coupe l'*École de Botanique* et sépare la *Pépinière* du *Carré Chaptal*; les plus petites sont disposées en amphithéâtre sur la terrasse qui est au-devant de la Serre.

2° SERRES CHAUDES.

Nous venons de voir la grande Serre tempérée, nous allons visiter successivement les *Serres chaudes*, dont chacune a une destination particulière.

PAVILLONS. — Visitons d'abord les deux Pavillons de fer qui ont été construits depuis 1830 ; tous deux sont chauffés à la vapeur. Une grande chaudière est disposée derrière ces grandes Serres, et l'eau réduite en vapeur par l'ébullition vient circuler dans de gros tuyaux de fer qui régnent dans toute leur longueur.

Cette vapeur brûlante cède sa chaleur au métal, se condense par le refroidissement, et va couler dans un réservoir, où on la reprend pour la remettre dans la chaudière. Les tuyaux échauffés communiquent leur température aux couches d'air environnantes. Celles-ci, devenues plus légères, s'élèvent vers la région supérieure de l'édifice, et sont remplacées par des couches d'air plus froides qui se succèdent continuellement. Ce mode de chauffage est aride, malgré sa régularité, et l'atmosphère des pavillons n'imite qu'imparfaitement celle des tropiques, où les Végétaux sont rarement arrosés par de l'eau liquide, mais constamment baignés dans une vapeur tiède qui les humecte, en même temps qu'elle les échauffe.

La température du Pavillon oriental, dans lequel nous entrerons d'abord, est moins élevée que celle de son voisin. L'Arbre qui domine ici tous les autres, c'est l'*Eucalyptus glauca* qui appartient à la famille des Myrtes, et croît à la Nouvelle-Hollande; mais vous aimerez sans doute mieux examiner l'Arbre à thé de la Chine, le *Thea viridis*, et le *Papyrus*, dont les anciens faisaient leur papier, non point avec l'écorce, comme on le croit vulgairement, mais avec la tige divisée en feuilles minces dans le sens des fibres. Ce Pavillon est tapissé de Papiflores et d'autres Plantes grimpantes appartenant aux genres *Plumbago*, *Clématite*, *Thumbergia* et *Lioèche*.

Le *Pavillon occidental* est aussi appelé *Pavillon des Palmiers*. Sa température est plus élevée que celle du précédent. Il contient les Plantes géantes originaires des zones torrides : le Bambou, la Canne à sucre, le Bananier, le Dattier, le Cocotier, etc. Tout près du vitrage exposé au midi, s'élève une jolie fontaine ornée d'une Naïade en marbre blanc, et dans laquelle croissent quelques Plantes aquatiques rares, telles que le *Limnocharis*

Humboldti, le *Nymphæa lotos* et le *Nymphæa azuré*. La Serre aux Palmiers a quarante-cinq pieds d'élévation dans sa plus grande hauteur.

3° LES SERRES A DEUX PANS ET LES SERRES COURBES.

Ces bâtiments sont situés à l'ouest du *Pavillon des Palmiers*, dont ils sont séparés par une sorte de vestibule. Une porte latérale donne entrée dans l'étage inférieur des Serres courbes.

Ne nous y arrêtons pas pour le moment. A peine y aurons-nous fait trente pas que nous trouverons à gauche une porte et un escalier par lequel on descend dans le compartiment du milieu des Serres à deux pans ou *Serres hollandaises*. C'est là qu'on a récemment construit l'*Aquarium* dont je vous ai parlé plus haut. C'est un grand bassin d'un mètre environ de profondeur. A la surface s'é•

panouissent les immenses feuilles circulaires du *Victoria regia*
et de l'*Euryale ferox*; ces dernières sont hérissées d'épines sur
leur face supérieure. Vous admirerez aussi sur l'*Aquarium* les
belles fleurs rouges, bleues, blanches des *Nymphæas*.

A droite de l'*Aquarium*, se trouve, nous l'avons dit, le compartiment affecté aux Plantes *Orchidées*, et à gauche celui des
Fougères.

La Serre courbe est, comme la Serre Hollandaise, divisée,
dans ses deux étages, en trois compartiments. L'étage inférieur,
appelé *Serre creuse*, est chauffé à une plus haute température
que l'étage supérieur. Il contient surtout des Plantes originaires
de l'Amérique méridionale. Nous citerons entre autres le *Jatro-*

nha manihot, Euphorbiacée dont toutes les parties sont âcres, excepté la racine qui fournit abondamment la fécule si justement estimée des gourmets sous le nom de Sagou. Mais montons dans l'étage supérieur, et là, nous trouverons, en outre d'une multitude de Plantes grasses ou *crassulées*, l'*Euphorbia canariensis*; que le jardinier fasse, avec sa serpe, dans le tronc de cette Plante, une légère incision, nous en verrons aussitôt découler un suc laiteux, tellement âcre et vénéneux, qu'une seule goutte, placée sur ia peau, y produit l'effet d'un caustique violent. C'est dans ce suc que les Sauvages trempent les pointes de leurs flèches pour en rendre les blessures mortelles.

Bien d'autres Plantes encore, dans ces forêts artificielles mises sous verre, pourraient attirer longuement notre attention; mais le temps nous presse, et puis, pour nous qui ne sommes pas des nègres, un séjour prolongé dans cette atmosphère humide et chaude est insupportable : cela peut aisément tenir lieu de bain de vapeur.

CÈDRE DU LIBAN. — Sortons donc, et pour nous remettre, pour rétablir le jeu de nos poumons, gravissons le chemin qui s'ouvre entre les deux Pavillons, et allons nous asseoir un instant sur le banc qui entoure l'énorme tronc du grand Cèdre du Liban. Pour utiliser cet instant de repos, permettez-moi de rectifier une erreur presque universelle, que vous partagez très-probablement, sur la foi du *consentement unanime*, au sujet de cet Arbre fameux. Tout le monde vous dira, et vous direz comme tout le monde, que le Cèdre du Liban a été apporté d'Asie en France dans un chapeau par Bernard de Jussieu. Il n'en est rien : ce célèbre naturaliste le rapporta seulement d'Angleterre, en 1734.

M. Sloanes, directeur du Jardin Botanique de Kiew, lui avait donné deux tout petits Cèdres, plantés chacun dans un petit pot de la grandeur d'un verre à boire. Revenu à Paris, Bernard se rendit au Muséum, portant à la main les précieux échantillons. En traversant la place Maubert, il en laissa tomber un. Le pot se cassa; Bernard mit alors dans son chapeau le Cèdre avec la motte de terre qui en enveloppait les racines, et il rentra ainsi au Jardin des Plantes. C'est ce simple accident qui a donné lieu à la fable si généralement accréditée : — d'où l'on voit que, comme le dit Voltaire, *il y a toujours quelque chose de* **vrai** *dans un mensonge.*

Or, des deux jeunes Cédres rapportés par B. de Jussieu, l'un, — on ne sait lequel, — fut planté dans l'École Botanique ; il y mourut, et il est remplacé par le Pin Laricio. L'autre, planté sur la colline du Labyrinthe, est devenu ce que vous le voyez, un grand et robuste vieillard de cent et quelques années.

Maintenant que nous sommes reposés, redescendons le chemin que nous venons de gravir il y a peu d'instants, et traversons de nouveau le Jardin entre les Carrés fleuristes et le Carré Chaptal, puis, parvenus à la seconde allée de Tilleuls, tournons à droite, et entrons par la première grille de ce long bâtiment qui s'élève à notre gauche : pour en finir avec les Plantes, il nous reste à visiter les *Galeries de Botanique*.

LES GALERIES DE BOTANIQUE.

Ici, vous allez mesurer d'un coup d'œil les services rendus à la science par ceux qui récoltent des Plantes, ceux qui les décrivent, ceux qui les classent, ceux qui étudient la structure intime et les fonctions de leurs organes.

HERBIERS. — Montons d'abord, par cet escalier particulier, dans la **Galerie des Herbiers**, où l'on n'entre pas sans une permission spéciale, et dont les savants conservateurs répondront à toutes vos questions avec une indulgente aménité. Cette Galerie est la *Nécropole* du Règne végétal ; vous allez y voir les plus belles Plantes réduites à l'état de momies ; mais, quoique aplaties sur du papier, vous pourrez encore reconnaître leurs formes extérieures et même le *port* qu'elles avaient pendant leur vie.

Sur les côtés de la Galerie, est l'Herbier général, renfermant un échantillon de chacune des espèces contenues dans les Herbiers particuliers ; ceux-ci occupent les dix Cabinets latéraux où nous allons tout à l'heure entrer. Le fond de cet Herbier général est composé de l'ancien Herbier de Vaillant, dont toutes les Plantes étaient étiquetées de sa main, avec la synonymie des auteurs connus de son temps, et l'indication du lieu où la Plante avait été recueillie. Il y avait aussi dans cet Herbier plusieurs Plantes envoyées à Vaillant par des botanistes et étiquetées de leur main. Les écritures étant connues, lorsque ceux qui ont envoyé des Plantes les ont publiées dans leurs écrits, on a une synonymie incontestable. Desfontaines a joint à chacune de ces Plantes, sur une étiquette particulière, le nom systématique moderne le plus sûr et le plus connu, les échantillons ont été comparés avec ceux des Herbiers de Lamarck et de Jussieu. On a tenu séparé, de cet Herbier classique, celui de Tournefort, qui occupe à droite et à gauche l'entrée de la salle.

Les dix Cabinets latéraux qui s'ouvrent sur la Galerie nous offrent les Herbiers particuliers, disposés selon l'ordre géographique.

Dans le premier Cabinet est l'Herbier de *France*, formé par les botanistes peu nombreux de nos départements, et surtout par l'illustre de Candolle, dont le monde savant pleure la perte toute récente. Ce cabinet renferme aussi les plantes des autres contrées de l'*Europe*, envoyées par MM. Tenore, Boissier, Boué, Robert, Bory de Saint-Vincent, Martius, Reichenbach, etc. Dans le second Cabinet, est l'Herbier de l'*Afrique septentrionale* et des *Iles Canaries*; il est dû à MM. Bové, Steinheil, Riedlé, Ledru, Webb. Dans le troisième Cabinet, nous trouvons l'Herbier de l'*Afrique tropicale* : MM. Perrotet, Leprieur, Heudelot, ont fait celui de la Sénégambie; MM. Dillon et Schimper, celui de l'Abyssinie. Le quatrième Cabinet renferme les plantes de l'*Afrique australe* : celles du cap de Bonne-Espérance ont été récoltées par MM. Delalande, Ecklon, Drège; celles de l'île Bourbon, de l'île de France, par MM. Dupetit-Thouars, Commerson, Richard; celles de Madagascar, par MM. Commerson, Dupetit-Thouars, Chapelier. Le cinquième Cabinet contient l'Herbier de l'*Australasie*, que nous devons à MM. Riedlé, Leschenault, Guichenot, Blume, Perrotet, Robert Brown. Dans le sixième Cabinet sont les plantes des *Indes orientales*, recueillies par MM. Leschenault, Macé, Jacquemont, Wallich, Wight. Le septième Cabinet contient les Herbiers de l'*Asie Mineure*, de l'*Arabie*, de l'*Egypte*, de la *Perse* et de l'*Empire russe* : Olivier et Bruguière ont exploité l'Asie Mineure, la Perse et l'Égypte ; MM. Bové, Schimper, Botta, l'Arabie ; MM. Fischer, Bunge, Ledebour, l'Empire russe. Le huitième Cabinet renferme les Plantes du *Chili*, recueillies par MM. Cl. Gay, Bertero, Dombey. Dans le neuvième Cabinet sont les Herbiers du *Pérou*, du *Brésil* et de la *Guyane :* MM. Dombey, d'Orbigny, Humbold et Bonpland ont recueilli les plantes du Pérou ; MM. Poiteau, Leprieur, Perrotet, celles de la Guyanne ; MM. Commerson, A. de Saint-Hilaire, Gaudichaud, Guillemin, Claussen, celles du Brésil. Enfin, le dixième Cabinet contient les plantes du *Mexique* et de l'*Amérique septentrionale.* Nous devons l'Herbier du Mexique à MM. l'Herminier, Poiteau, Plée, Perrotet ; et celui de l'Amérique du nord, à MM. Michaux, Leconte, Castelnau, Lapilaye.

GALERIE PUBLIQUE. — Redescendons dans la Galerie du rez-de-chaussée, qui est ouverte au public. Le vestibule est magnifique : au-dessus de ses portes opposées sont deux immenses feuilles de *Palmier-Parasol.* Le long des murailles sont quelques échantillons de Fougères arborescentes. En voici une qui est bifurquée, disposition tout à fait exceptionnelle dans le tronc des plantes de cette famille. Cette autre Fougère gigantesque a été partagée en deux moitiés longitudinales. Voici un *Ravenala* mort, espèce dont vous avez vu dans les Serres un individu vivant : on le nomme à Madagascar l'*arbre du voyageur*; ce nom est justifié par la disposition de ses feuilles qui offrent au voyageur altéré un réservoir plein d'eau claire et limpide. Vous voyez aussi quelques Palmiers, dont un est rameux, anomalie non moins rare que dans les Fougères ; parmi eux se trouve le Dattier, que vous connaissez déjà. Remarquez cette tige de Palmier qu'entourent de mille bandelettes entrelacées les racines aériennes d'un arbre que l'on suppose être un Figuier. Vous voyez que ces bandelettes n'ont produit aucune impression sur le tronc du Palmier, qui ne croît pas en grosseur. Si c'eût été un arbre dicotylédone, dont l'accroissement se fait en hauteur et en diamètre, la pression de ces racines eût donné lieu à des bourrelets considérables. Voici un Orme des environs de Paris, qui a été foudroyé, et dont la foudre a divisé les faisceaux fibreux.

Au centre de ce vestibule s'élève la statue d'Antoine de Jussieu, due au ciseau de M. Legendre-Héral. L'illustre professeur est représenté dans son costume officiel, méditant sur les caractères d'une Plante qu'il vient d'examiner à la loupe.

Peut-être serait-il à désirer que les ornements de ce genre fussent plus multipliés dans le Muséum. C'est un digne hommage à rendre aux hommes illustres que de transmettre leurs traits à la postérité. A. Jussieu, Buffon et Cuvier, sont jusqu'à présent les seuls naturalistes dont le Muséum possède les statues.

Entrons dans la Galerie de Botanique. Nous trouvons devant
le meuble du milieu un bloc de bois pétrifié, recueilli dans la
Vallée de la Désolation, qui s'étend du Caire à la Mer Rouge. Sur
la table de ce meuble est la collection de Champignons imités en
cire, dont une partie a été donnée par l'empereur d'Autriche. A
gauche, dans les Cabinets, sont des bois vivants de tous les pays,

et dont plusieurs offrent des coupes différentes, qui montrent l'organisation des tiges. Nous trouvons aussi, dans ces Cabinets, les tiges dont la partie fibreuse forme un tissu naturel ; tel est le *Lagetto* ou *Bois-Dentelle*.

Les travées, séparant les Cabinets à droite et à gauche, renferment la collection des fruits indigènes et exotiques, desséchés ou conservés dans l'esprit de vin. Dans les Cabinets qui occupent le côté droit de la Galerie sont rangés les végétaux *fossiles*, dont M. Ad. Brongniart a écrit l'histoire.

LA VALLÉE SUISSE, LA MÉNAGERIE.

On donne le nom de *Vallée Suisse* à toute la partie du Jardin comprise entre la grande allée de Marronniers du Jardin Botanique, au sud, le quai Saint-Bernard à l'est, les bâtiments rangés le long de la rue Cuvier, au nord, et le petit Labyrinthe à l'ouest.

Ce nom lui vient de son aspect champêtre, des grands Arbres qui l'ombragent, et des nombreux Chalets ou cabanes agrestes qu'elle contient et qui servent de demeure à la plupart des Animaux herbivores.

Au Muséum, les Animaux vivants sont groupés par catégories et pour ainsi dire par familles naturelles. A la *Singerie*, on met les Singes et les Makis; au bâtiment plus rapproché de la Seine, les *Animaux féroces*, c'est-à-dire les Mammifères carnassiers.

Quelques Ours, insensibles à nos variations de température, habitent dans de grandes fosses creusées sur la limite du Jardin de la Ménagerie et du Jardin Botanique. Là, vivent l'éternel et célèbre Martin (qui ne monte plus à l'arbre), l'Ours noir américain et l'Ours blanc des mers glaciales. (*n*º 30 *du plan.*) On a construit récemment dans les fosses de vastes bassins où l'eau se renouvelle constamment, et dans lesquels les Ours peuvent boire et se baigner tout à leur aise. Des Lions, des Panthères, etc., ne pourraient pas y vivre en toute saison; et d'ailleurs, il serait impossible de les y retenir, car leur grande agilité leur permettrait bientôt de s'échapper. La *Rotonde*, qu'on pourrait appeler le point central de la Vallée Suisse, en est aussi la construction la plus considérable et la mieux conçue; elle donne asile aux plus grands Animaux : l'Éléphant. les Pachydermes et les Ruminants. Diverses espèces la quittent pendant la belle saison et vont occuper les *parcs*; cette faveur est plus particulièrement réservée à celles de l'Inde, de l'Afrique ou de l'Amérique méridionale, auxquelles les chaleurs de l'été rappellent leur patrie; pendant l'hiver ces animaux reviennent à la Rotonde. Mais les parcs ont, comme les fosses, des habitants qui ne les quittent pas plus en hiver qu'e été. Tels sont les Cerfs de Virginie, les Axis de l'Inde, dont les espèces peuvent être regardées comme acclimatées chez nous, et divers autres qui nous viennent des pays froids.

Des parties non moins essentielles de la Ménagerie sont : la *Volière* du Nord, où l'on met principalement les Oiseaux de proie et les Perroquets ; la *Faisanderie*, où sont les Faisans, qui lui ont donné leur nom, les Poules de diverses races, les Pintades et les autres Gallinacés. Les Autruches, les Casoars et quelques Oiseaux de grande taille occupent une fabrique spéciale, subdivisée en plusieurs compartiments ; deux endroits, pourvus d'une piéce d'eau, sont le séjour des espèces aquatiques ou de rivage : c'est là que l'on voit les Cygnes, les Oies, les Canards de diverses sortes, les Grues, les Cigognes, etc.

Les *Reptiles* habitent le local autrefois réservé aux Singes. Quoique placé en dehors de la Vallée Suisse, il en est très-peu éloigné.

La Ménagerie est placée sous la direction immédiate des professeurs de zoologie chargés de l'enseignement relatif aux animaux qu'on y conserve.

On a construit récemment dans les passes de larges bassins où l'eau se renouvelle constamment, et dans lesquels les Ours peuvent boire et se baigner tout à leur aise.

Il nous serait difficile, ou pour mieux dire impossible, de donner du *personnel animal* de la Ménagerie un état qui fût longtemps exact. Outre que des mutations ont lieu fréquemment d'un parc ou d'une cage à l'autre, cette population est assez flottante, et chaque année, chaque mois, chaque semaine voit quelque Animal mourir ou quelque autre arriver. Nous nous bornerons donc à des indications topographiques essentielles, et nous signalerons en passant les espéces ou les individus les plus dignes d'attirer l'attention des visiteurs.

MAMM'FÉRES.

La Vallée Suisse, où se trouvent réunis les Mammifères, est élégamment disposée pour recevoir des hôtes si variés dans leurs habitudes et dans leurs mœurs; les allées, par leurs sinuosités, forment des parcs où s'élèvent de gracieuses maisonnettes couvertes en chaume, de formes pittoresques et de couleurs différentes.

Tantôt, c'est le climat de la Russie que rappellent ces murs faits de troncs d'arbres superposés; plus loin, la Suisse se retrouve dans ces chalets; un édifice à demi-ruiné donne son hospitalité aux chèvres accoutumées à braver les périls de l'escalade.

Cette cabane construite avec de vieux troncs d'arbres, et située à droite de la porte donnant sur l'allée des Marronniers, est la demeure des Chèvres du Thibet (*n° 39 du plan*).

Parmi les autres espèces si nombreuses de ruminants qui peuplent la Vallée Suisse, je signale surtout à votre attention les élégantes et vigoureuses *Antilopes corinnes* et leurs conigénères les *Antilopes bubales* d'Algérie ; les *Yaks* ou *Vaches à queue de cheval*, récemment importées du Thibet, remarquables par leurs formes trapues, leur queue touffue, et par leur longue laine qui traîne jusqu'à terre (1) ; les *Buffles*, qui vivent paisiblement au milieu de la grande Basse-cour occupée par les Oiseaux à vol bas et par les Oiseaux aquatiques ; enfin les Lamas qui occupent le grand parc situé sur la limite de la Vallée Suisse et des *Labyrinthes*.

Nous dirigerons maintenant notre promenade, si vous le voulez bien, vers la cage ou, comme on dit, le *Palais* des Singes.

SINGERIE. — C'est un immense pavillon circulaire, en treillis de fer, et dont l'intérieur est garni de tous les appareils qui constituent un gymnase : cordes, balançoires, échelles, mâts, etc. Il est situé entre la Rotonde et le bâtiment occupé par les Animaux féroces, et sur l'allée qui mène de l'un à l'autre de ces édifices. Le terrain en face est disposé en amphithéâtre. Autrefois, on lâchait pendant le jour, quand la saison le permettait, tous les Singes dans cette *salle de récréation*, et ils s'y livraient, en présence d'une foule compacte de spectateurs, à mille ébats quelquefois fort drôles. On n'en lâche plus maintenant que deux ou trois à la fois, et, pour voir tous les habitants du *Palais*, il faut pé-

---

(1) Ce sont des queues d'Yacks qu'en Orient on porte comme étendards devant les pachas ; et selon que ces personnages sont plus ou moins élevés en dignité, ils ont droit de se faire précéder d'une, deux ou trois queues d'Yacks ; — de là le dicton populaire qu'on applique familièrement aux gens fiers de leur importance : *C'est un pacha à trois queues.*

nétrer dans la galerie semi-circulaire construite à la partie posté-
rieure. Là, chaque animal a sa loge grillée et vitrée où l'on peut
l'observer à l'aise.

Cette galerie est occupée, non seulement par des Singes, mais
encore par les autres espèces appartenant à l'ordre des *Primates*,
tels que les *Ouistitis* et les *Makis*, ainsi que par d'autres petits animaux rongeurs, plantigrades, etc., qui ont besoin d'une certaine
température et de soins particuliers. Parmi ces derniers, nous citerons l'*Agouti*, le *Petit-gris* (Écureuil de Russie), deux *Ratons
laveurs*, deux *Tatous*. Mais l'hôte le plus remarquable et le plus
remarqué de ces lieux, celui qu'on cherche d'abord en entrant, et
qui réunit toujours le plus de monde devant sa cage, c'est le
jeune Chimpanzé mâle d'Afrique, confié à la Ménagerie par M. La-
caux, capitaine au long cours. Ce singe est âgé de quatre ans; la

grosseur de son corps, de sa tête et de ses bras, est celle d'un enfant de sept à huit ans; mais ses jambes extrêmement, courtes rapetissent, de beaucoup sa taille qui ne dépasse pas un mètre. Il est d'un naturel assez doux, jusqu'à présent; sa gaieté et son activité montrent que sa santé ne s'est point altérée par suite de son séjour déjà long en France, et fait espérer qu'on le conservera plusieurs années. L'habitation des Singes est chauffée par des poêles de manière à entretenir une température de dix à douze degrés. Le matin, on donne à ces Animaux de la soupe au lait légèrement sucrée; dans les après-midi, des légumes cuits et du pain bis; et, pour les amuser le reste de la journée, quelques poignées d'orge ou de maïs. Les gâteaux que le public leur apporte complétent pour eux une alimentation largement suffisante.

ANIMAUX CARNASSIERS. — Nous passerons, si vous le voulez, des Singes aux Animaux féroces; il nous suffit, pour cela, de faire quelques pas après avoir tourné à gauche. Leur demeure est un long bâtiment presque contigu au quai Saint-Bernard et terminé à ses deux extrémités par deux petits pavillons, entre lesquels sont alignées les cages partagées en deux compartiments, dont l'un s'ouvre devant le Jardin, l'autre dans l'intérieur du bâtiment. De fortes cloisons séparent ces cages les unes des autres; des barreaux de fer permettent de voir parfaitement les Animaux, soit qu'on se trouve dans le Jardin ou dans le corridor intérieur, et leur ôtent en même temps tout espoir d'évasion. En outre, une grille à hauteur d'appui force les curieux à se tenir hors de la portée des griffes de ces terribles prisonniers.

Cette partie de la Ménagerie possède de très-beaux Lions, — des Lionnes, des Panthères, des Hyènes, des Ours. On y voit un très-beau Jaguar (Tigre d'Amérique), présent de M. Peltier, négociant au Havre.

Dans le Pavillon de l'ouest sont renfermés les carnassiers de petite taille, tels que la Civette, le Raton, le Serval, le Chat-Tigre, etc.

ROTONDE. — La *Rotonde* est un pavillon massif et très-élevé, solidement construit en maçonnerie, et entouré de parcs ou plutôt de cours, séparées les unes des autres par de fortes palissades, et ceintes d'une clôture à claire-voie, formée de grosses poutres surmontées de pointes de fer. Un seul de ces parcs est fermé par une grille très-haute en treillage de fil de fer : c'est celui des Girafes, qui sont en ce moment au nombre de deux.

La Rotonde est l'asile des *Géants du Désert*. Outre les Girafes, on y voit un Éléphant mâle de l'Inde. A côté de lui, s'ébattent, dans un bassin creusé exprès pour eux, deux jeunes Hippopotames du Nil-Blanc, mâle et femelle, arrivés successivement d'Égypte, et donnés à l'empereur des Français par le vice-roi d'Égypte et par son frère. Une autre écurie est occupée par un Dromadaire (Chameau d'Afrique). Le Chameau à deux bosses, d'Asie, manque actuellement à la collection.

OISEAUX.

FAUCONNERIE. — A gauche de la cage des Singes, on trouve une allée qui conduit à une grande Volière droite : c'est la *Fauconnerie*, ou, si mieux on aime, la *Volière des Oiseaux de proie* (n° **25** *du plan*). Elle est divisée en plusieurs compartiments. Le pavillon le plus rapproché de la Seine est occupé par deux grands *Condors*, les plus forts et les plus dangereux des *rapaces diurnes*; l'un d'eux est à la ménagerie depuis l'année **1826**.

Les cages suivantes renferment des Vautours d'Amérique, d'Europe, d'Algérie, etc. Puis viennent des *Aigles royaux* de France, un *Aigle criard*, des *Pigargues* de différentes variétés ; enfin, des *Buses* de France, des *Milans*, un *Caracaras* du Brésil et deux Hibous *Grands-Ducs*.

Cette Volière est terminée par une grande cage, qui comprend trois portes vitrées de front ; elle renferme une trentaine de Perroquets, *Perruches*, *Aras*, *Cacatoës* et *Perroquets* proprement dits.

FAISANDERIE. — Quand vous aurez contemplé à loisir les Oiseaux de proie et les Perroquets, faites volte-face : prenez l'allée qui se trouve derrière vous, puis une autre très-courte qui,

dans celle-là, s'ouvre à votre droite, et vous serez devant une charmante Volière demi-circulaire, à convexité extérieure, et qui forme en quelque sorte la façade de la fabrique où l'on élève les Oiseaux de basse-cour. Cette Volière présente quinze petits cabinets contigus, où les oiseaux sont à couvert et où ils reçoivent leur nourriture (*n° 24 du plan*). Au devant de chaque cabinet, se trouve un treillage qui s'avance de trois mètres environ. Cette disposition permet aux Oiseaux de voler ou de se promener à leur aise, de jouir du soleil ou de se mettre à l'ombre. Un sable épais les préserve de l'humidité ; un ruisseau traverse le terrain ; en un mot, à la liberté près, ils sont tout à fait dans les conditions que leurs mœurs et leurs intérêts exigent pour leur conservation et leur développement. Le compartiment placé à l'extrémité de cette Volière est affecté à l'ordre des *Passereaux*. On y voit voltiger des Merles, des Bouvreuils, des Moineaux, etc. La plupart des autres compartiments sont occupés par les Gallinacés, — Faisans, Pigeons, Cailles, Perdrix, Coqs de bruyère.

ÉCHASSIERS PALMIPÈDES ET COUREURS. — La remarque
que nous avons faite au sujet du domicile respectif des Mammifères de nature différente s'applique aussi aux cages et aux parcs
où sont renfermés les Oiseaux. Les changements n'y sont pas
moins fréquents, et telle espèce qui se voit aujourd'hui dans un
parc pourra passer dans un autre quelques jours après, suivant
les convenances du service. La Rotonde, couverte de chaume et
entourée d'un grand parc avec bassin, renferme des *Échassiers*
et plusieurs *Palmipèdes* (*n° 71 du plan*).

On voit aussi des Échassiers dans le parc voisin de celui des

Axis ; ils y vivent avec des *Paons* , des Cygnes et d'autres Oiseaux nageurs , que l'eau abondante dans cette partie de la
Vallée Suisse, rend à leurs habitudes favorites.

Les *Oies* d'Égypte, les *Hérons*, les *Cormorans* habitent pêle-
mêle dans un parc situé près de la loge des Reptiles (*n*os **69** , **72** ,
75 , **76** *du plan*).

Les *Autruches* et les *Casoars* nous ont accoutumés à la physionomie des Échassiers; mais s'ils en ont l'aspect extérieur, ils n'en ont ni le genre de vie ni l'organisation. Ils ne volent point; leurs ailes sont rudimentaires, et leur plumage ne leur sert que comme d'une épaisse toison. En revanche, leurs jambes robustes leur permettent de courir longtemps avec une grande rapidité. Ce sont les plus grands de tous les Oiseaux. Le parc des *Autruches* et celui des *Casoars* sont voisins de celui des Échassiers, à quelques pas de la Faisanderie (*n*ᵒˢ 73 *et* 75 *du plan*).

Les *Palmipèdes* occupent presque exclusivement le parc dont nous donnons ici la vue (*n*ᵒ 69 *du plan*). Leur gîte, construit au pied de l'arbre magnifique qui leur sert d'abri, a un aspect tout particulier. Ces intéressantes espèces ont déjà rendu, par leurs croisements, les plus grands services à l'économie domestique rurale. C'est à cette étude assidue et à la munificence du Muséum que sont dues ces magnifiques espèces de Canards, qui se sont répandues en si grande quantité dans les basses-cours des grandes exploitations rurales, et des établissements dans lesquels le Gouvernement met à la disposition de l'agriculture les types qui doivent améliorer nos races indigènes.

REPTILES.

La fondation de la Ménagerie des Reptiles au Muséum d'Histoire naturelle de Paris date d'une époque assez récente. Seize années, en effet, se sont à peine écoulées depuis l'acquisition faite, en octobre **1836**, des deux *Pythons* de Java et des trois *Caïmans à museau de Brochet* de la Nouvelle-Orléans, qui en ont été les premiers hôtes. Dans cette courte période, un grand nombre de Reptiles, appartenant aux différents ordres dont cette classe d'animaux se compose, y a successivement pris place.

Un livre d'entrées, tenu avec beaucoup d'exactitude dès l'origine, indique, sans lacune, depuis le premier jour jusqu'à l'époque actuelle, toutes les espèces reçues à la Ménagerie, et le nombre d'individus par lesquels chacune d'elles y a été représentée.

Cette partie de la Ménagerie occupe un bâtiment en équerre, situé dans une petite cour où l'on arrive par deux petites portes, qui se trouvent l'une au bout de la Volière des Oiseaux de proie, l'autre en face des Autruches. Le bâtiment s'appuie, par son plus petit côté, sur le mur qui borde le Jardin du côté de la rue Cuvier. C'est à travers un vitrage extérieur et un grillage serré qu'on aperçoit très-imparfaitement, du dehors, les Reptiles dans leurs cages. Pour les bien voir, il faut pénétrer dans l'intérieur au moyen d'une carte de Ménagerie.

La salle est chauffée par deux appareils à la fois. L'un est un poêle qui entretient la température générale à **20** degrés environ. L'autre est un *Appareil-Sorel*, qui projette sous les cages de l'eau chaude destinée à chauffer directement le fond de chacune d'elles, ainsi que les couvertures de laine dans lesquelles se cachent, en hiver, les gros Serpents originaires des pays chauds.

A gauche, en entrant, on peut remarquer une cage sablée, avec bassin d'eau, dans laquelle se trouvent des *Caïmans à museau de Brochet*. Les trois premiers ont été apportés de l'Amérique du Nord par un ouvrier, qui les a vendus au Muséum. Ils n'avaient alors que 0^{m},22^{c}. de long, et ne pesaient que **72** grammes chacun.

Dans la cage suivante, on trouve un petit Chalet, dans lequel se réfugient une vingtaine de Couleuvres de France, d'Afrique, d'Amérique, etc.; deux *Erix* de l'Inde et la *Couleuvre d'Esculape*.

Ailleurs, on voit des Geckos, des Ouolis et un Platydactyle des murailles, animal fort laid, mais remarquable par la faculté qu'il possède de monter sans effort sur un plan vertical, même poli comme une vitre, par exemple; cette faculté est due à la conformation de ses doigts, sous lesquels il peut faire le vide, comme fait la Sangsue avec le disque qui termine sa queue.

Signalons encore de très-beaux Lézards verts, des *Caméléons*, — un Lézard *Sauve-Garde* de Cayenne (*Salvator Merianæ*), — un Lézard *Scheltopusick*, remarquable par sa ressemblance avec les Couleuvres, dont il ne se distingue que par sa tête arrondie et par des pattes postérieures rudimentaires, qu'on n'aperçoit qu'en l'examinant avec une grande attention.

Les cages munies d'un treillage en fer, et placées à l'intérieur, contiennent de beaux exemplaires de Serpents venimeux, tels que le *Crotale boïquira, Serpent à sonnettes* du Brésil, le *Crotale* de la Louisiane, un *Trigonocéphale* de la Caroline du Sud, un autre de la Nouvelle-Orléans, des *Vipères de Cléopâtre*, etc. Les cages du fond sont occupées par les Serpents de la plus grande espèce : le terrible *Boa constrictor* et les non moins redoutables *Pythons*.

Tout près de la Fauconnerie, entre cet édifice et le parc des Damis, se trouve un autre petit parc qu'on remarque d'abord pour sa fraîcheur et pour l'exubérance de sa verdure (*n° **26** du plan*). — C'est la succursale de la Ménagerie erpétologique. En se dressant sur la pointe des pieds, on aperçoit par-dessus la haie touffue qui l'entoure, dans les hautes herbes qui bordent le bassin creusé à son milieu, un certain nombre de Tortues de toutes dimensions, qui se meuvent lentement et rarement, les unes à terre, les autres dans l'eau. Ce sont des *Chersites* ou *Tortues terrestres*, des *Élo-dites* ou *Tortues* des *marais*, et quelques *Potamites* ou *Tortues* de *fleuves*.

GALERIES

D'ANATOMIE COMPARÉE, D'ANATOMIE DE L'HOMME, DE ZOOLOGIE, DE MINÉRALOGIE ET DE GÉOLOGIE; BIBLIOTHÈQUE.

L'examen des formes extérieures des nombreux habitants de la Ménagerie ne suffit pas à votre curiosité toujours croissante, et vous éprouvez le désir de connaître les rouages cachés qui font mouvoir tous ces corps animés, ou, en d'autres termes, leur organisation intérieure.

Eh! bien, en quittant l'habitation des Reptiles, suivez l'allée à votre droite, et vous vous trouverez bientôt en face d'un grand édifice en partie construit en briques, et formant un grand parallélogramme autour d'une cour pavée. De chaque côté de la grande porte cochère, vous verrez d'abord de grands os qui ressemblent à des côtes, et qui ne sont autre chose que des mâchoires inférieures de Baleines. Si, avant de pénétrer dans l'intérieur du bâtiment, vous jetez un coup d'œil dans la cour, vos regards seront frappés par deux squelettes placés, l'un à droite, l'autre à gauche, et montés sur des tiges et des barres de fer : ce sont les charpentes osseuses de deux *Cétacés* géants : une Baleine et un Cachalot; le squelette de Cachalot est là depuis 1817, et il a donné son nom à la cour qu'on appelle, dans le Muséum, la *Cour du Cachalot.* Celui de la Baleine a été rapporté et préparé par les soins de M. l'amiral Bérard. En croisière dans la baie des îles, à la Nouvelle-Zélande, l'équipage harponna le petit de cette femelle, qui, poussée par l'instinct maternel, s'échoua sur le rivage en suivant son Baleineau. Le modèle très-exact de ce Cétacé a été fait sur plan, et mis au point par M. Mérion, ingénieur-hydrographe de l'expédition.

Revenez maintenant sous la voûte, et entrez par la porte qui se trouve alors à votre gauche; l'autre porte est celle de sortie. Après avoir déposé votre canne ou votre parapluie entre les mains de la personne établie *ad hoc* sous le vestibule, vous aurez la permission de parcourir toutes les salles qui sont consacrées à ces deux parties si intéressantes des sciences naturelles; l'*Anatomie comparée* et l'*Anatomie de l'Homme* servant de base à son histoire naturelle.

ANATOMIE COMPARÉE.

REZ-DE-CHAUSSÉE. — Première salle. — *Squelettes de Cétacés.* — La plus grande partie de cette première salle est occupée par des squelettes de Baleines, de Cachalots et d'autres géants des mers. Sur les côtés sont rangés d'autres squelettes de dimensions plus petites, appartenant au groupe des Carnassiers.

Deuxième salle. — *Squelettes d'Hommes.* — La plupart des squelettes contenus dans cette salle proviennent d'individus de la race Caucasique. A votre droite, en entrant, sont des squelettes de Français, d'Anglais, d'Italiens, etc.; puis, quelques squelettes de Nègres et de personnes de races croisées. Il n'y en a point de la race Mongolique.

Vous remarquerez particulièrement :

Le squelette du jeune Syrien Soliman el Hhaleby, assassin de Kléber, général en chef de l'armée française en Égypte. On sait que ce jeune fanatique fut empalé, après avoir eu la main droite brûlée. Son squelette a été donné au Muséum par le célèbre chirurgien Larrey ;

Le squelette de Bébé, nain du roi de Pologne Stanislas ;

Le moule en plâtre d'un squelette dont l'original existe au Muséum de Leyde, et qu'on croit être celui d'une jeune Romaine, etc.

Au fond de cette deuxième salle, à droite, vous trouvez une porte qui s'ouvre sur un escalier, lequel vous conduit à l'étage supérieur. Arrivé au haut de cet escalier, vous trouvez à votre droite la première salle du premier étage.

PREMIER ÉTAGE. — Première salle. — *Crânes de Mammifères.* — Cette salle contient des crânes de Mammifères de toutes les espèces, depuis les grands Singes anthropomorphes jusqu'aux *Monotrèmes.* On en a pourtant exclu les crânes que leur volume ne permettait pas de placer dans les vitrines, tels que ceux des Cétacés et des grands Pachydermes.

Deuxième salle. — *Fœtus de Mammifères.* — Cette salle reçoit la lumière par deux lucarnes percées dans le plafond. Au milieu, une ouverture circulaire, pratiquée dans le plancher et bordée d'une balustrade, donne du jour à la première salle du rez-de-chaussée. On a réuni depuis peu de temps, dans cette deuxième salle du premier étage, les fœtus des Mammifères, et particulièrement ceux dont la conformation est anormale. Une porte qui s'ouvre dans la paroi faisant face à la porte d'entrée donne sur un étroit corridor qui conduit aux cabinets d'Anatomie humaine.

Nous y reviendrons tout à l'heure. Maintenant, pour ne pas interrompre l'étude que nous avons commencée, prenons la porte à gauche, et entrons dans le cinquième cabinet d'Anatomie comparée.

TROISIÈME SALLE. — *Ostéologie des Primates.* — Sur une grande table, à gauche, se dressent deux squelettes de Gorilles et deux de Chimpanzés. On y a joint le buste en plâtre moulé sur nature du grand Gorille du Gabon dont la peau montée figure dans le musée de Zoologie. Des armoires renferment les squelettes des autres Quadrumanes, ceux des Lémuriens et des Makis, et, en outre, d'un assez grand nombre de Cheiroptères et d'Insectivores. Sous une cage de verre, à droite de la porte, est placé un squelette d'Autruche, garni des principaux muscles et de l'appareil respiratoire.

QUATRIÈME SALLE. — *Ostéologie des Mammifères et des Oiseaux.* — Le même nombre d'armoires que dans la salle précédente a suffi pour contenir, outre les squelettes des grands Rongeurs et des Édentés, ceux d'un nombre convenable d'Oiseaux, principalement *Échassiers*, *Coureurs* et *Palmipèdes*. Des boîtes vitrées et disposées en pupitres sur quatre tables, offrent les systèmes dentaires de tous les Mammifères, à leurs diverses périodes de développement. D'autres boîtes fixées contre les murs, dans l'embrasure de la porte de communication entre cette salle et la suivante, renferment les pièces osseuses des têtes de tous les vertébrés des classes des *Reptiles* et des *Poissons*.

CINQUIÈME SALLE. — *Ostéologie des Reptiles et des Poissons.* — Les armoires à droite et à gauche contiennent les squelettes des Reptiles (*Chéloniens*, *Sauriens*, *Ophidiens*, *Batraciens*). Dans celles de face, on a réuni des squelettes de Poissons osseux.

Sixième salle. — *Squelettes de Poissons. — Ostéologie des fœtus de Mammifères.* — Les armoires à gauche sont encore occupées par des squelettes de Poissons, tant osseux que cartilagineux. Dans celles de droite, sont disposés des squelettes de jeunes Mammifères, et principalement de fœtus et d'embryons. Au milieu de la salle, deux tables supportent des cages vitrées ; celle de gauche contient des squelettes de fœtus humains; celle de droite, des *Écorchés* d'Oiseaux (Gallinacés). Dans l'armoire, à gauche de la porte d'entrée, on a déposé diverses pièces appartenant à l'Ostéologie des organes locomoteurs des Mammifères. Les squelettes de Reptiles et de Poissons contenus dans les cinquième et sixième salles sont remarquables par leur bel état de conservation. On reconnaît sans peine qu'ils ont été préparés par un maître en cet art difficile. La plupart, en effet, sont dus à M. Simon-Pierre Rousseau (père de M. Emm. Rousseau), un des aides qui ont le mieux secondé G. Cuvier dans la formation du Cabinet d'Anatomie.

Septième salle. — *Myologie des Mammifères.* — En entrant dans cette salle, vous voyez à votre droite, sous une cage de verre, une statue d'homme en plâtre peint, qu'on nomme *l'Écorché de Bouchardon*. En outre des myologies de l'Homme en cire, vous remarquerez les plâtres peints qui vous donnent une idée des muscles du Kanguroo, du Bélier, du Cheval, du Lion, etc.

Huitième et neuvième salles. — *Splanchnologie (Anatomie des Viscères).* — Ces deux salles renferment les préparations des viscères de tous les vertébrés, depuis l'Homme jusqu'aux Poisson

Dans la huitième salle, on voit, sous des cages de verre : à droite, sept pièces en cire, représentant le cerveau ou le système nerveux de la tête; à gauche, des figures également en cire, du travail le plus remarquable, et montrant la position des viscères : 1° chez un fœtus ; 2° chez un enfant endormi: 3° chez une femme effrayée par la vue d'un cadavre.

La neuvième salle est plus particulièrement affectée aux organes de la digestion, de la circulation et des sécrétions. Elle contient aussi un grand nombre de fœtus de Mammifères, conservés dans l'esprit de vin.

DIXIÈME SALLE. — *Nécrologie des Vertébrés.* — Dans cette salle on a disposé les préparations, soit en cire, soit en plâtre, soit naturelles, des cerveaux, des moelles épinières et des sens de tous les Vertébrés. On y voit aussi, dans le meuble placé à gauche de la porte, des pièces en cire offrant l'ovologie des Reptiles ; et sur les armoires, diverses pièces préparées, soit par dessiccation, soit par corrosion dans les acides.

ONZIÈME SALLE. — *Collection phrénologique du docteur Gall.* — Les masques, les plâtres de têtes entières, ou les têtes osseuses d'un grand nombre d'individus de l'espèce humaine, sont rangés en trois principales catégories : 1° ceux qui ont acquis une célébrité plus ou moins grande dans les sciences, les arts, etc.; 2° ceux qui ont commis des crimes ; 3° enfin, ceux qui, par l'exagération de leurs facultés, ont été atteints d'aliénation. Sous une grande vitrine placée au milieu de cette salle, est exposée une pièce naturelle d'ensemble, offrant les systèmes circulatoire et nerveux du grand Serpent appelé le *Python Molure.* Cette pièce est due au travail du docteur Jacquart. Il faut maintenant descendre l'escalier pour arriver dans la dernière salle du rez-de-chaussée;

mais, avant de descendre, vous remarquerez, de chaque côté de cet escalier, des cadres suspendus aux murs et contenant, sous verre, des préparations naturelles du système dermique (peau, poils, plumes, écailles), et entre autres, une peau de tête humaine, avec ses cheveux et sa barbe, conservée par le tannage. Vous verrez aussi les dessins de la tête de l'Éléphant et de celle du Rhinocéros fossiles de Sibérie, qui ont été donnés au muséum par l'Académie des Sciences de Saint-Pétersbourg. Ces dessins sous verre sont en face du haut de l'escalier. Vous n'aurez plus ensuite, pour achever votre pérégrination dans la galerie d'Anatomie comparée, qu'à parcourir rapidement la salle du rez-de-chaussée où se trouvent les squelettes des Ruminants et des Pachydermes. Ces derniers sont placés en partie sur les côtés de la porte de sortie. Dans cette même salle, on a placé le squelette incomplet d'un animal fossile, le Mégathérium, dont l'espèce est perdue. Vous verrez qu'on n'en possède que quelques parties de la tête, du tronc et des membres.

ANATOMIE DE L'HOMME.

Il vous faut, à présent, remonter l'escalier que vous venez de descendre et traverser de nouveau les neuf dernières salles d'Anatomie comparée. Dans la seconde, vous trouverez, ainsi que je vous l'ai dit tout à l'heure, une porte donnant sur un couloir étroit et bas, qui vous conduira au Musée anthropologique.

Les pièces d'Anatomie humaine occupent actuellement dix grands cabinets, c'est-à-dire tout le premier étage des bâtiments qui bordent la Cour du Cachalot au fond et à gauche ; mais elles n'y sont point rangées méthodiquement comme celles d'Anatomie comparée ; je ne pourrai donc vous désigner chacun des cabinets par sa spécialité ; je me bornerai à signaler à votre attention les objets les plus remarquables qui se présenteront sur notre passage.

Première salle. — Cette salle contient, dans les armoires qui l'entourent, des crânes et des bustes en plâtre de diverses races.

Deuxième salle. — On a rassemblé ici, de préférence, des bustes et des statues des races Ethiopique et Mongole ; entre autres la statue de la *Vénus hottentote*, dont vous verrez le squelette dans la septième salle. Sous ce nom, était désignée une femme boschimane qu'on montrait comme objet de curiosité, et qui est morte à Paris. Vous admirerez dans la même salle les deux magnifiques bustes en bronze d'un Chinois et d'une Chinoise, de M. Cordier. Sous verre, contre la fenêtre du milieu, est une pièce en cire exécutée par M. le docteur Talrich, et représentant la disposition du système nerveux grand-sympathique d'un individu de la race Caucasique.

Troisième salle. — Les armoires sont occupées par des pièces diverses. Sous la vitrine du milieu, on voit plusieurs Momies péruviennes.

Quatrième salle. — On y voit des têtes moulées en plâtre et une jolie collection d'épreuves photographiques.

Cinquième salle. — A droite de la porte d'entrée se trouve une petite Momie gauloise trouvée dans le Puy-de-Dôme ; en face, une Momie égyptienne rapportée de l'expédition d'Egypte par M. Geoffroy Saint-Hilaire père. L'armoire renferme des têtes osseuses et moulées en plâtre et des statuettes peintes.

Sixième salle. — Ce qui attirera surtout votre attention, ce sont des Momies guanches conservées dans des peaux de boucs ; les armoires renferment diverses pièces ostéologiques et anatomiques, naturelles et imitées.

Septième salle. — Au milieu, dans une cage vitrée, sont rangés un grand nombre de squelettes de diverses races : les plus curieux sont trois squelettes de Momies égyptiennes, dont l'un offre des traces de fractures graves qui toutes avaient été guéries. La Momie dont il provient avait été aussi rapportée par Geoffroy Saint-Hilaire ; il a été préparé par S.-P. Rousseau.

Huitième salle. — Sous un vitrage, au milieu, est un squelette fossile Celte, trouvé à Pantin ; sur une étagère, à droite, sont alignés sur trois rangs des squelettes de diverses races. En face de la porte, on voit suspendues à la muraille deux grandes pancartes représentant le système circulatoire de l'homme, tel que le comprennent les physiologistes chinois. Entre les fenêtres, se dressent des sarcophages égyptiens avec leur hideux contenu.

Neuvième salle. — Vous y remarquerez tout d'abord deux beaux bustes de Nègres (homme et femme), fondus en bronze, qui sont dus au ciseau de M. Cordier ; au milieu est un squelette garni de tout l'appareil circulatoire, du système nerveux et des viscères ; cette remarquable préparation est l'œuvre de M. Jacquart. Vous vous arrêterez longtemps devant l'armoire de droite et devant celle du fond, où se trouve une ravissante collection de statuettes peintes représentant tous les types humains du nord de l'Europe et de l'Asie, avec leurs costumes nationaux. Cette collection est un présent fait au Muséum par M. le prince Demidoff.

Dixième salle. — Au centre est un squelette monté indiquant les conditions anatomiques de la rectitude humaine ; les armoires contiennent des crânes, des bustes moulés et des pièces diverses.

Ne quittez point cette galerie sans examiner la belle série de portraits à l'huile et à l'aquarelle, dus au pinceau de M. Longa, et rapportés par la Commission scientifique, envoyée dernièrement en Algérie, sous la conduite de M. Bory-Saint-Vincent. Ces portraits, qui font désormais partie de la collection des Vélins du Muséum, sont parfaitement à leur place dans les cabinets d'Anthropologie.

ZOOLOGIE.

En entrant dans le Jardin des Plantes par la grille d'Austerlitz, vous voyez devant vous un grand bâtiment situé au bout de deux longues allées d'Arbres, comme un de ces manoirs féodaux qui s'élèvent à l'extrémité du parc seigneurial. Ce bâtiment a 120 mètres de long, et se compose d'un rez-de-chaussée et de deux étages. La façade, d'un ordre architectural extrêmement simple, est divisée en trois parties par deux petits pavillons latéraux. Tel est l'aspect extérieur de cet édifice où sont déposées les archives de la création.

Dans l'origine de la fondation du Muséum, c'est-à-dire au XVIIe siècle, il n'existait du grand bâtiment occupé aujourd'hui par les collections de Zoologie, que la partie comprise entre les deux pavillons latéraux ; et encore cette maison, car ce n'était pas autre chose, n'avait-elle qu'un seul étage entre le rez-de-chaussée et les combles. Elle était habitée par l'intendant du Jardin et par quelques autres fonctionnaires. Lorsque Buffon devint intendant et voulut créer un Cabinet d'histoire naturelle, il obtint qu'on fît l'acquisition d'une maison voisine dans laquelle il s'installa, et qui prit le nom de *Bâtiment de l'Intendance* (*n° 21 du plan*) ; il abandonna l'ancien bâtiment aux collections qui, à partir de cette époque, prirent un rapide accroissement, en conséquence duquel on ajouta une construction neuve, de niveau avec l'ancienne, et s'étendant sur la gauche jusqu'à l'angle sud-ouest du Jardin. Cette aile, commencée du vivant de Buffon, ne fut terminée qu'après sa mort.

Après l'organisation du Muséum par la Convention, il fut décidé qu'on élèverait cet édifice d'un étage, lequel serait occupé par une grande galerie recevant son jour d'en haut. Ce projet fut exécuté de 1794 à 1801. Bientôt après, cette augmentation fut jugée insuffisante, et en 1808 s'éleva la seconde aile qui s'étend jusqu'au Labyrinthe. Pour la construire, on supprima la porte du Jardin et l'escalier du Cabinet, qui était vis-à-vis de la grande allée. On ajouta de plus au premier étage trois nouvelles salles. Le bâtiment complet contint alors, non-seulement les collections de Géologie, de Minéralogie, de Botanique et de Zoologie, mais encore la Bibliothèque. Ce fut seulement sous la Restauration que la Bibliothèque fut transportée dans la maison de l'Intendance, et que l'emplacement laissé vacant par ce déménagement fut occupé par la collection des Poissons.

On avait gagné de l'espace, mais pas encore assez pour la multitude toujours croissante des objets.

La translation eut lieu en 1834. Le Cabinet tout entier devint la propriété des Animaux. On donna plus d'extension aux diverses branches de la Zoologie ; on fit succéder à des espèces inorganiques une foule d'êtres intéressants, qui avaient été relégués dans des magasins où ils n'étaient visibles que pour les personnes attachées à l'établissement.

Mais cet agrandissement, quoique considérable, est loin de suffire à l'état actuel de nos collections, et la mauvaise exposition de certaines branches, causée par la trop grande quantité des espèces, fait sentir de nouveau le besoin d'espace.

Dans l'état actuel, le Musée zoologique occupe seize salles, dont plusieurs sont immenses.

REZ-DE-CHAUSSÉE. — PREMIÈRE SALLE. — Cette salle, d'un aspect presque lugubre, contient les dépouilles des grands Mammifères, tels que le Dauphin de Dale de la Manche, — les Éléphants, — les Rhinocéros, — les Hippopotames, — un Cheval baskir, à poils frisés, — un Cheval arabe, etc.

DEUXIÈME SALLE. — C'est, à proprement parler, un couloir, conduisant de la salle précédente à l'escalier qui mène au premier étage. On y a rangé, dans des vitrines, les *Zoophytes* ou *Animaux-Plantes*, — et une très belle collection de Vers intestinaux, *lombrics*, *ténias*, etc., conservés dans l'alcool.

PREMIER ÉTAGE. — Sur le palier, on a exposé une certaine quantité de Poissons de grande dimension.

PREMIÈRE ET SECONDE SALLES. — La première salle est consacrée aux Tortues terrestres, fluviatiles et marines, qui sont appendues au plafond ; les armoires contiennent les Poissons.

La deuxième salle est réservée aux Poissons cartilagineux. On

a placé dans cette seconde salle, entre les deux portes, une statue
de Buffon, par Pajou.

TROISIÈME SALLE. — Elle est entièrement consacrée aux Poissons. On y remarque le Poisson-Volant, l'Espadon, etc.

Des quatre grandes divisions de la série des Vertébrés, celle des
Poissons est la plus nombreuse en espèces ; on en compte aujour-

d'hui près de cinq mille. Le Muséum en possède la plus belle collection connue ; et, bien qu'elle date d'une époque encore récente, elle est l'une des plus complètes de cet établissement. Elle a été mise en ordre et étiquetée par MM. Cuvier et Valenciennes, qui avaient entrepris, en commun, une *Histoire naturelle des Poissons*. Cet immense ouvrage, retardé quelque temps par la mort du principal collaborateur (G. Cuvier), est continué avec succès par M. Valenciennes, dont le monde savant apprécie les profondes connaissances ichtyologiques.

QUATRIÈME SALLE. — Elle renferme les Chéloniens, les Sauriens, les Ophidiens et les Batraciens (Tortues, Lézards, Crocodiles et Serpents).

CINQUIÈME SALLE. — Ici, sont les Crustacés, ces *Insectes de la mer*, dont l'aspect repoussant inspire une terreur souvent justifiée par la force de ces hideux animaux, et par les armes redoutables dont ils sont pourvus.

SIXIÈME SALLE. — Voici la réunion des princes de la nature, les Primates. Cette riche et intéressante collection, rangée d'après la classification de M. Is. Geoffroy-Sant-Hilaire, offre quelques représentants de chacun des genres du grand ordre des Quadrumanes.

Elle commence par le *Chimpanzé*, placé dans la première armoire à gauche en entrant, et finit aux *Tarsiers* placés dans l'armoire qui fait face à celle-là, à droite.

Au milieu de la salle, dans une armoire vitrée à roulettes, on a placé le *Gorille*, nouvelle et curieuse espèce récemment importée du Gabon. Pour bien comprendre avec quel mérite M. Portmann est parvenu à monter cette colossale figure, il faut consulter une épreuve au daguerréotype exposée dans l'armoire contiguë à la porte d'entrée, donnant une représentation exacte de l'animal accroupi dans un énorme cuvier rempli d'alcool, et rappelant à peine une forme d'être organisé.

Nous ne quitterons pas ces armoires où sont contenus les Chimpanzés et les Orangs, sans vous faire remarquer les épreuves daguerriennes qui sont exposées auprès de la porte d'entrée. Ce nouveau mode de reproduction de la nature vivante ou morte peut être appelé à rendre les plus grands services, et il est à désirer que son emploi, joint à celui de la photographie, soit plus largement étendu aux représentations des objets d'Histoire naturelle.

Septième salle. — Cette salle renferme la suite de la collection des Zoophytes et le commencement de celle des Mollusques. Les armoires sont remplies d'Éponges, de Polypiers, parmi lesquels on remarque des Coraux de plusieurs espèces ; — d'Oursins, d'Astéries, d'Euryales, d'Holothuries et enfin de Mollusques, avec ou sans coquille, conservés dans des bocaux d'esprit-de-vin. Sur l'armoire, qui est située au milieu de la salle, on remarque les Argonautes, les Nautiles, les Sèches, les Ammonites.

Huitième salle. — Cette salle contient les Mammifères domestiques ; au milieu s'élève une statue en marbre blanc, due au ciseau de Dupaty et représentant la Nature caractérisée par ces mots du poëte Lucrèce : *Alma parens rerum.*

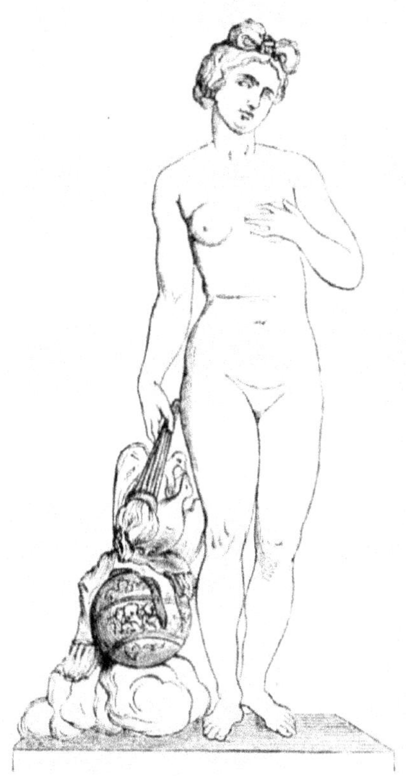

SECOND ÉTAGE. — En montant à cet étage par l'escalier situé au sud-ouest du grand bâtiment dont nous nous occupons en ce moment, nous trouverons une suite de six magnifiques salles éclairées par en haut. Nous n'entrerons dans aucune description détaillée des richesses contenues dans ces salles; nous indiquerons sommairement ce qu'elles renferment.

Sur le palier qui précède la première salle, vous remarquerez une Baleine en cire, des fanons de Baleine, et une canne faite avec la dent d'un Narval.

Première salle. — Cette salle contient les Marsupiaux (Animaux à poche), tels que Sarigue, Kanguroos;—des Plantigrades: — Ratons, Ours, Aliure, Blaireau, etc., — et aussi l'Ornithorynque et l'Echidné.

Deuxième salle. — Les armoires renferment, 1° les Édentés (Tatou, Pangolin, Tamanoir, etc.);—2° les Rongeurs (Écureuils, Chinchilla, Castor, Gerboises); — 3° les Insectivores (Taupes, Musaraignes, Desman, etc.); — 4° les Carnassiers (Lion, Tigres, Hyène, Chacal, Hermine, Zibeth, etc.).

Le meuble qui règne sur toute l'étendue du milieu de cette pièce contient les collections d'Insectes et de Coquilles. A chacune de ses extrémités, et sur l'épine qui le domine, vous aurez à remarquer les travaux destructeurs des Insectes; vous serez étonné de la perfection avec laquelle ils exécutent leurs perforations, dont la régularité ne peut être comparée qu'à la promptitude avec laquelle ces opérations perfides s'accomplissent.

Reportons nos regards sur d'autres travaux dus aussi aux Insectes, mais qui, cette fois, n'exciteront que votre reconnaissance. C'est une riche collection d'échantillons de soie de toute espèce, don précieux fait au Muséum par un patient collectionneur. Sur l'épine du meuble, votre attention sera captivée par de magnifiques spécimens empruntés aux collections des Coquilles univalves terrestres et bivalves marines.

Troisième salle. — Cette salle est consacrée aux oiseaux. L'aspect en est éblouissant; la richesse des plumages, l'éclat du coloris, l'élégance des formes et leur extrême variété captivent et charment à la fois. Ces beaux échantillons sont dus, pour la plupart, à des savants et à des voyageurs qui se sont plu à accroître les richesses du Muséum. Buffon avait augmenté considérablement cette collection, qui s'est encore accrue depuis les découvertes faites en Afrique, en Amérique, dans la Nouvelle-Hollande et en Asie dans les montagnes de l'Himalaya.

Le meuble qui s'étend dans toute la longueur de cette salle contient les collections de Coquilles.

QUATRIÈME SALLE, dite DE L'HORLOGE. — La collection des Oiseaux occupe encore toutes les armoires de cette belle salle. Au centre, en face de l'horloge, on a réuni, dans une vitrine qu'on serait tenté de prendre pour une volière, les plus beaux échantillons des Oiseaux-Mouches.

Le meuble du centre contient les collections de *Coquilles* et d'*Insectes*; les plus riches échantillons sont exposés aux regards dans des cadres spéciaux.

Ne quittons pas cette salle sans appeler vos hommages sur l'effigie du célèbre créateur du *Jardin des Herbes médicinales*, Guy de Labrosse, dont le buste à l'air majestueux semble dominer toutes ces collections.

CINQUIÈME SALLE. — Cette salle contient la suite de la collection des Oiseaux, et spécialement les Oiseaux de proie, les Palmipèdes et les Brévipennes. Vous remarquerez l'Aptéryx, échantillon très-précieux d'une espèce extrêmement rare.

A l'extrémité de cette salle, votre attention sera frappée par deux armoires qui contiennent les *Nids* les plus curieux par leur forme et par leur travail. Le meuble qui règne dans toute l'étendue de cette salle contient la suite de la collection des Coquilles. A son extrémité, on a disposé des tablettes pour l'exhibition de quelques OEufs précieux, tels que ceux de l'Autruche, du Casoar, du Goéland, du Pingouin, et celui de l'Epiornis, oiseau fossile récemment découvert à Madagascar.

Sixième salle. — Cette salle fort intéressante contient les Ruminants, parmi lesquels nous signalerons les gigantesques Girafes qui ont vécu au Muséum; le Renne, l'Élan, le Bison, l'Aurochs, le Zèbre, le Gnou; — enfin, le Dromadaire que montait habituellement le général Kléber pendant ses campagnes d'Égypte.

Ici se termine notre pérégrination dans cette nécropole du règne animal. Nous aurions eu promptement lassé votre patience, si, prenant chaque échantillon, nous vous avions fait de longs discours sur la forme, la couleur, les mœurs de chaque sujet, et sur le rang que la science lui a donné.

Cette tâche a été plus dignement accomplie par M. Paul Gervais, professeur à la Faculté de Montpellier, pour les Mammifères, dans son *Histoire générale des Mammifères*, dernier mot de la science actuelle sur cette importante matière; et par M. le docteur Le Maout, en ce qui touche les Oiseaux, dans son *Histoire naturelle des Oiseaux*, ouvrage le plus complet et le plus clair sur cette intéressante partie du règne animal, et où chaque genre est représenté par les figures les plus fidèles que l'on ait faites jusqu'à ce jour.

MINÉRALOGIE ET GÉOLOGIE.

Si nous avions voulu suivre un ordre rigoureux et logique dans les pérégrinations que vous voulez bien faire avec nous, nous aurions dû commencer par vous conduire dans les galeries de Minéralogie et de Géologie : là, en effet, se trouve le point de départ des sciences naturelles, et le règne minéral, dans l'ordre de la création aussi bien que dans la série instituée par la science, réclame la priorité sur les deux autres; mais il ne s'agit pas ici d'une exposition des principes de la science et encore moins de leur application, c'est une promenade à travers les merveilles du Muséum, et nous n'avons d'autre but que de vous éviter la fatigue en recherchant ce qui peut vous plaire et vous intéresser. Nous savons que le Muséum est un temple d'où l'on ne sort pas à son gré; si nous vous en rendons l'accès facile, votre curiosité se chargera à notre grande joie de faire le reste.

Prenez pour quelques moments droit de cité dans cette magnifique enceinte consacrée à deux des branches les plus intéressantes de ces sciences naturelles : la Minéralogie et la Géologie.

Entrez, regardez tout avec attention, scrutez la nature jusque dans ses replis les plus secrets, et que votre esprit, plongeant plus avant dans les abîmes de la terre, élève votre âme plus haut vers celui qui en est le créateur et le roi

La Minéralogie déploiera à vos yeux sa robe brodée de métaux précieux et de pierres éblouissantes reflétant toutes les couleurs du prisme et surpassant l'éclat des plus belles fleurs; mais la Géologie étalera devant vous des merveilles encore plus surprenantes, et vous fera goûter des plaisirs encore plus variés.

De nombreuses populations d'animaux perdus, le globe entier bouleversé à plusieurs reprises, avec des preuves irrécusables de ces catastrophes terribles, se présenteront à vous dans toute leur imposante vérité.

A peine avez-vous traversé le premier vestibule, que vos regards sont frappés par une quantité d'échantillons de nos richesses minérales. Ces précieuses dépouilles, arrachées à la terre, ont été classées et étiquetées par Haüy ; c'est la collection déterminée par ce grand homme, et la classification établie par lui ; cette collection unique a coûté quarante ans de travaux à son auteur ; elle sert merveilleusement d'introduction aux galeries.

M. Biard a été chargé de représenter sur les parois supérieures des murs quelques-unes des grandes scènes des régions polaires : la chasse aux Morses, la chasse aux Rennes. Il est à désirer que ces exhibitions des divers aspects de la nature se multiplient et complètent par la vue ce que l'imagination du promeneur essaierait en vain d'inventer.

La porte qui fait face à la porte d'entrée est celle du petit Amphithéâtre où se professent la *Minéralogie*, la *Géologie*, la *Culture* et la *Physiologie comparée*.

Entrons maintenant dans la galerie à gauche; vous voyez ces trente-six gracieuses colonnes, placées sur deux rangs, par dix-huit de chaque côté, et soutenant la voûte vitrée qui éclaire cette salle. Eh bien, c'est ici que la Minéralogie et la Géologie ont établi leur domaine. Naguère encore resserrées dans deux ou trois chambres de l'ancienne Galerie, elles y représentaient modestement l'état peu avancé dans lequel, comme sciences exactes, elles avaient langui toutes deux jusqu'alors. A présent leurs richesses sont tellement grandes que cette vaste enceinte les contient à peine.

Vous voyez la longue file d'armoires vitrées à gauche et à droite de la Galerie; c'est là-dedans et sous les cages de verre qui sont au pied de ces armoires que se trouvent les Minéraux, classés d'après leurs genres, leurs groupements, leurs associations habituelles, en un mot, tout ce qui a rapport à l'Histoire naturelle de chaque espèce.

Les armoires des piédestaux des colonnes indiquent les nombreux usages de luxe ou d'utilité auxquels ces diverses substances peuvent servir : c'est la Minéralogie technologique et historique.

La collection de Géologie a une plus large part, comme étant celle des deux sciences dont le domaine naturel est le plus étendu. Ce sont d'abord les cages et les tiroirs de l'épine ou du milieu qui, avec les armoires des piédestaux des deux côtés de la Galerie, lui appartiennent en entier; les échantillons des terrains qui composent l'écorce générale du globe y sont rangés suivant l'ordre de superposition et d'après la méthode de M. Cordier.

En outre, on lui a consacré les deux Galeries élevées derrière les colonnes; celle de gauche présente une classification méthodique des roches, et celle de droite une collection des débris organiques fossiles. Là se trouvent les restes de toutes les espèces, aujourd'hui perdues, que Cuvier a rendues à l'observation du monde savant.

La statue de ce grand homme, placée au centre de la Galerie, du côté méridional, est un juste hommage rendu à sa mémoire. L'artiste, M. David d'Angers, l'a représenté dans son costume de chancelier de l'Université, sondant d'une main les profondeurs du globe terrestre, et relevant l'autre vers le ciel comme pour indiquer que les découvertes les plus importantes et les plus imprévues de la science ne servent qu'à confirmer les textes de la Genèse et à ramener l'homme vers son créateur (1).

BIBLIOTHÈQUE.

Le Muséum ne compte une Bibliothèque au nombre de ses richesses que depuis le décret de juin **1793**, qui le réorganisa. Cette Bibliothèque est exclusivement consacrée aux ouvrages relatifs aux sciences naturelles, et se trouve ainsi destinée à compléter, avec les cours et les collections, les moyens d'études offerts au public pour cette branche des connaissances humaines.

(1) Nous renvoyons ceux de nos lecteurs qui désireraient examiner avec profit, dans tous leurs détails, les collections de Minéralogie et de Géologie, à l'excellent ouvrage de M. J.-A. Hugard, aide de minéralogie au Muséum. Cet ouvrage se trouve dans l'intérieur du Muséum, sous le vestibule même de la galerie dont il contient la description complète, analytique et raisonnée.

Elle est placée dans le bâtiment neuf qui donne sur la rue de Buffon, et occupe tout le pavillon de droite divisé en deux étages. Sa disposition est aussi simple que bien entendue pour faciliter l'étude.

Quarante-quatre mille volumes environ, en y comprenant les dissertations isolées, sont réunis et offrent des matériaux aussi précieux que variés sur toutes les parties de l'Histoire naturelle; ils sont ainsi divisés :

Histoire naturelle générale. — Physique. — Chimie. — Minéralogie. — Géologie. — Paléontologie. — Botanique. — Horticulture. — Agriculture. — Zoologie. — Anatomie et Physiologie humaine et comparée.

Géographie. — Voyages. — Histoire naturelle topographique.

Actes des Académies et Sociétés savantes.

Journaux et Recueils périodiques.

Collections de Monographies et Dissertations particulières. — Notices biographiques et autobiographiques.

Mais ce qui est surtout remarquable, c'est la magnifique collection de peintures sur vélin qui a été commencée vers 1640, par les ordres de Gaston d'Orléans, pour la description des plantes rares les plus remarquables de son Jardin de Blois; acquises à sa mort par Louis XIV, ces précieuses peintures furent d'abord placées à la Bibliothèque royale, puis transportées, en 1794, à la Bibliothèque du Muséum, dont elles sont un des principaux ornements.

Les premiers dessins furent faits par *Nicolas Robert*; puis *Joubert, Aubriet*, M*lle Basseporte* vinrent ajouter leurs travaux à

ceux déjà acquis ; enfin, et successivement, *P.* et *H. Maréchal,
Oudinot, Redouté, Van-Spaëndonk,* de *Wailly, Huet, Bessa,
Werner, Meunier, Oudart, Chazal, Prêtre,* Mlle *Riché* vinrent
compléter cette iconographie san. rivale, qui compte aujourd'hui
de cinq à six mille dessins, répartis dans quatre-vingt-quatorze
portefeuilles.

Le nombre de ces dessins s'accroît chaque année, et les cours
professés au Muséum encouragent les jeunes talents à se livrer à
la reproduction des individus rares qui habitent la Ménagerie, ou
des Végétaux qui fleurissent dans les Serres.

Un ordre parfait règne dans la Bibliothèque ; les études y sont
faciles ; des tables et des pupitres sont disposés pour la lecture ou
les copies des vélins qui sont communiqués sous verre aux personnes qui désirent les reproduire.

La Bibliothèque est ouverte tous les jours, sauf le dimanche,
de dix heures du matin à trois heures de relevée. Ses vacances
commencent le 1er septembre et finissent le 1er octobre.

FIN.

la plus complète qui existe des productions de la nature; c'est le plus vaste répertoire connu des merveilles qu'elle a disséminées sur tous les points du globe. C'est là que, depuis le granit, dernier échelon de la série des corps organiques, jusqu'à l'homme, chef-d'œuvre et résumé de la pensée divine et créatrice, tout ce qui s'agrège, végète ou respire a été recueilli, classé méthodiquement, et étudié dans ses moindres détails, à l'aide de tous les moyens dont peuvent disposer la science et l'observation.

Qui pourrait dire les étonnants phénomènes, les applications précieuses, les idées puissantes et rationnelles que ce concours prodigieux des êtres qui composent les trois règnes a fait éclore et développer? L'avénement de nouvelles théories, la réforme des classifications et des nomenclatures, l'acclimatation de nouvelles races, l'amélioration des espèces, le perfectionnement des méthodes agricoles, l'emploi dans les arts de nouvelles matières premières, tels sont les principaux résultats dont lui sont redevables en même temps la science, le bien-être public, les arts et l'industrie.

Enumérer ces richesses et les ressources qu'elles offrent à l'étude, c'est dire quels droits ont acquis à notre reconnaissance les hommes qui les ont rassemblées, qui en ont dirigé l'admirable ordonnance, ceux qui ont traversé les continents et les mers pour en recueillir les innombrables matériaux, mais surtout les savants qui les ont décrites, soit dans la chaire professorale, soit dans leurs livres : précieux inventaires des œuvres de la création, comme le *Muséum* lui-même en offre l'exposition la plus vaste et la plus splendide.

D'autres parties de cet ouvrage sont consacrées à l'énoncé des principes qui servent de base aux diverses branches des sciences naturelles, ainsi qu'à la revue des collections de toute nature que renferme le *Muséum*.

Nous avons confié la rédaction de ce volume à M. P.-A. CAP, familiarisé depuis longtemps avec tout ce qui appartient à l'histoire de la science; sa plume élégante, son style consciencieux, ses remarquables écrits sont des garanties que nous pouvons offrir en toute sécurité au public.

Le volume que nous publions a pour objet l'histoire de l'établissement lui-même, depuis sa fondation jusqu'à nos jours; la description de ses diverses parties, enfin la biographie des hommes célèbres qui ont concouru à son développement comme à son illustration. Ce n'est pas un léger titre d'honneur pour la France que la création de ce monument, où le génie de l'homme rivalise avec les productions de la nature pour servir à l'avancement de la science comme au progrès des arts; et nous pouvons inscrire avec orgueil sur les plus belles pages de notre histoire nationale les titres de ses naturalistes, de ses voyageurs, de ses physiciens, de ses chimistes les plus éminents : Buffon, Daubenton, les de Jussieu, Cuvier, Geoffroy-Saint-Hilaire, Lamarck, Haüy, Brongniard, Gay-Lussac, noms illustres qui occupent les sommets de notre Panthéon scientifique, et autour desquels se pressent les noms déjà célèbres de leurs nombreux successeurs! Glorifier le génie dans ses œuvres, c'est à la fois devoir et justice. S'il est une récompense digne des savants comme de la postérité reconnaissante, c'est de placer leur effigie au front des monuments qu'ils ont fondés.

Un Volume broché............ **21 fr.**

Riche reliure mosaïque....... **27**

HISTOIRE NATURELLE

DES

MAMMIFÈRES

CLASSÉS MÉTHODIQUEMENT

Avec l'indication de leurs mœurs et de leurs applications dans es Arts, le Commerce
et l'Agriculture,

PAR M. Paul GERVAIS,

PROFESSEUR DE ZOOLOGIE ET D'ANATOMIE COMPARÉE

A la Faculté des Sciences de Montpellier.

PREMIÈRE SÉRIE :

Deux magnifiques volumes très-grand in-8e jésus, imprimé par
MM. Paul Dupont et Cie, sur papier superfin glacé des Vosges, fabriqué par M. Krantz, contenant :

1o Soixante magnifiques planches gravées sur acier et
coloriées, représentant les principaux types dans les sites qu'ils
affectionnent ;

2o Quarante grandes planches gravées sur bois, imprimées a deux teintes ;

3o Une très-grande quantité de bois gravés, représentant
un individu de chaque genre ;

Illustrations par MM. Werner, Freeman, Oudart, Fath, Delahaye, de Bar, Quartley, Gusman, Prunier, Annedouche,
Gauchard, Morice, Dufrenoy et autres sommités artistiques.

Le Créateur, dans sa prévoyante sagesse, a peuplé la surface du globe
d'une multitude d'Animaux qui excitent au plus haut degré la curiosité humaine.

La classe des Mammifères captive surtout l'attention de l'observateur.
N'est-ce pas parmi ces Animaux si intelligents et si voisins de sa nature par
leur organisation, que l'Homme trouve les auxiliaires les plus puissants et
ceux dont les services sont d'une application plus constante et plus journalière.

Il ne faut donc pas s'étonner que les plus éminents esprits se soient ap pliqués à cette étude si attachante; Aristote, Pline, Albert 'e Grand, Buffon, Pallas, G. et F. Cuvier, E. Geoffroy-Saint-Hilaire, de Blainville, et tant d'autres grands naturalistes ont élevé à la science, par la seule observation des Mammifères, des monuments qui resteront comme l'une des gloires de l'esprit humain.

Buffon a réuni, dans son Histoire naturelle, la plupart des notions que l'on possédait de son temps, au sujet des mêmes Animaux. Mais les progrès même que cet ouvrage a suscités l'on bientôt rendu incomplet, et c'est à peine si l'on y trouve la *vingtième* partie des Mammifères connus aujourd'hui des naturalistes.

La réunion de tous les travaux récemment accomplis devait fournir le plus grand intérêt, et c'est cet ensemble si attrayant, si varié et encore si peu connu, que nous avons voulu présenter à nos souscripteurs dans l'Histoire naturelle des Mammifères.

Nous ne pouvions trouver une main plus sûre et plus expérimentée pour décrire cette importante **HISTOIRE**, que celle de M. Paul GERVAIS, professeur à Montpellier. Élève et collaborateur de Fréd. Cuvier, d'E. Geoffroy-Saint-Hilaire, de de Blainville et du professeur actuellement chargé de l'enseignement de la Mammalogie, M. Isidore Geoffroy-Saint-Hilaire, il s'est livré aux études les plus sérieuses sur les Animaux mammifères, et surtout au point de vue des races domestiques et de l'industrie agricole. Ses propres travaux sur les espèces fossiles de la même classe lui ont permis d'ajouter des faits nouveaux aux grandes découvertes paléontologiques de G. Cuvier. Une longue pratique des riches collections du Muséum a familiarisé M. Gervais avec les travaux des Naturalistes et des voyageurs modernes; et son habitude du sujet nous a rendu précieuses les indications qu'il nous a données pour la partie iconographique de ce nouvel ouvrage.

Pendant six années consécutives, nous avons accompli avec soin et patience la reproduction de tous les types contenus dans les collections du Muséum de Paris et des principales villes de l'Europe, et, pour arriver plus sûrement à ce résultat, nous avons appelé à nous les dessinateurs les plus exacts, les plus habiles et les plus expérimentés. C'est ainsi que nous avons réuni un ensemble iconographique sans précédent par sa scrupuleuse fidélité, par sa variété et par sa précision.

Les caractères organiques ne nous ont pas moins occupé que la physionomie extérieure des Animaux, leurs poses naturelles, leurs allures ou l'aspect des pays qu'ils habitent. M. Delahaye, savant et consciencieux dessinateur, s'est acquitté de cette tâche difficile avec un talent que tout le monde appréciera comme un digne complément des figures si animées et si gracieuses dont MM. Werner, Freeman et Oudart ont enrichi notre histoire des Mammifères.

Aussi, pouvons-nous dire en toute sécurité, et sans crainte d'être taxé d'exagération, que le livre que nous offrons au public est, sous tous les rapports, le plus complet et le plus intéressant qui ait encore été publié sur les Mammifères.

Chaque Volume broché...... **21 fr.**

Riche reliure mosaïque...... **27**

LES TROIS RÈGNES DE LA NATURE.

RÈGNE ANIMAL.

HISTOIRE NATURELLE

DES

OISEAUX

CLASSÉS MÉTHODIQUEMENT

Avec l'indication de leurs mœurs et de leurs rapports avec les Arts, le Commerce
et l'Agriculture,

PAR M. EMM. LE MAOUT,

DOCTEUR EN MÉDECINE.

UN MAGNIFIQUE VOLUME très-grand in-8° jésus, imprimé par
MM. PAUL DUPONT et Cie, sur PAPIER SUPERFIN GLACÉ des Vosges, fabriqué par M. KRANTZ ; contenant la description de TOUTES LES ESPÈCES
INTÉRESSANTES, avec plus de CINQ CENTS BOIS GRAVÉS dans le texte,
donnant la figure et les détails organiques particuliers à chaque
tribu, et illustré :

1° De QUINZE MAGNIFIQUES PLANCHES COLORIÉES A L'AQUA-
RELLE, représentant les types les plus brillants par leur couleur et
l'élégance de leur formes :

2° De VINGT SUPERBES PLANCHES GRAVÉES SUR BOIS, imprimées
à DEUX TEINTES, et représentant les grands individus de chaque
classe, dans les sites qu'ils affectionnent.

L'histoire des Oiseaux marche naturellement à la suite de celle des fleurs,
aussi brillants par l'élégance de leurs formes et la richesse de leurs couleurs

que les plus belles productions du règne végétal, ils ont de plus la grâce des mouvements et l'animation du langage, qui exprime en accents passionnés la colère, la crainte, l'amour, et qui réjouit ou console le cœur de l'homme. Depuis le cruel Oiseau de proie jusqu'au plus innocent Passereau, il n'est pas une espèce qui ne mérite de fixer notre attention. Les Oiseaux domestiques, utiles ou agréables, nous payent amplement des soins que nous leur prodiguons; les uns sont les musiciens de nos appartements, et charment pour nous la monotonie de la vie sédentaire; les autres nous fournissent une sapide nourriture et un duvet chaud et moelleux. Les Oiseaux sauvages emploient, pour subvenir aux besoins de leur existence, des industries merveilleuses, et l'observation la plus superficielle de leurs habitudes suffit pour exciter notre intérêt, sans jamais lasser la patience de l'observateur.

Cet intérêt sera grandement augmenté, nous en avons la confiance, par l'histoire méthodique et détaillée que nous publions aujourd'hui. Cette histoire doit initier le lecteur à l'organisation, aux mœurs des Oiseaux, et lui faire connaître les relations multipliées qui existent entre cette classe et l'espèce humaine. Il y trouvera l'indication des moyens employés pour améliorer les races utiles à l'homme et pour conserver et reproduire les plus belles variétés réduites à l'état domestique.

L'auteur, tout en donnant à son travail un caractère d'utilité et d'agrément, a voulu qu'il présentât dans sa plus sérieuse exactitude l'état actuel de la science. Le grand nombre des espèces découvertes depuis quelques années nécessitait un remaniement complet dans la classification des Oiseaux. L'auteur a cru devoir adopter celle de M. Isidore Geoffroy-Saint-Hilaire, professeur de Zoologie au Muséum d'Histoire naturelle de Paris, comme étant la plus nouvelle et la plus commode dans l'application pratique. Ce savant académicien a bien voulu permettre qu'on insérât dans l'ouvrage une série de tableaux synoptiques, composés par lui, et conduisant rapidement à la détermination des Genres qui constituent les nombreuses familles de la classe des Oiseaux.

Nous avons donc lieu d'espérer que les amis de la nature trouveront dans notre livre, illustré par d'excellentes figures et éclairé par la science, une histoire agréable et un utile enseignement.

Un Volume broché........ .....   21 fr.

Riche reliure mosaïque........   27

LES TROIS RÈGNES DE LA NATURE.

RÈGNE VÉGÉTAL.

BOTANIQUE

HISTOIRE NATURELLE

DES FAMILLES VÉGETALES

ET DES PRINCIPALES ESPÉCES

Avec l'indication de leur emploi dans les Arts, les Sciences et le Commerce,

PAR M. EMM. LE MAOUT,

DOCTEUR EN MÉDECINE,

ancien démonstrateur de botanique à la Faculté de Médecine de Paris.

UN MAGNIFIQUE VOLUME très-grand in-8° jésus, imprimé par MM. BENARD et Cie, sur PAPIER SUPERFIN GLACÉ des Vosges, fabriqué par M. KRANTZ; contenant la description de plus de DEUX CENTS FAMILLES élucidées par CINQ CENTS BOIS GRAVÉS, donnant la figure et les détails organiques particuliers à chaque famille et illustré ;

1° D'un nombre considérable de FIGURES COLORIÉES A L'AQUA-RELLE, représentant les types les plus brillants par leurs couleurs et les plus élégants par leur forme ;

2° De VINGT MAGNIFIQUES PLANCHES GRAVÉES SUR BOIS, impri-mées à DEUX TEINTES et représentant les plus beaux Végétaux dans leur site naturel.

La Botanique est la plus utile et la plus attrayante des sciences : chaque fait dans son domaine est une surprise et un plaisir; elle se rattache, par son importance, à tous nos besoins, à toutes nos jouissances. C'est avec raison qu'on appelle vers son étude l'attention de la jeunesse; elle récompense, par des connaissances applicables à chaque circonstance de la vie, l'étude facile qui dévoile ses mystères.

Aussi n'avons-nous pas balancé à ouvrir la série des publications que nous préparons depuis six ans, et qui doivent réunir dans un vaste ensemble tout ce qui appartient aux TROIS RÈGNES DE LA NATURE, par la partie consacrée à la Botanique qui a porté si haut les noms des Tournefort, des Jussieu, des Linné, des de Candolle.

Personne mieux que M. Le Maout ne pouvait parler aux gens du monde, à la jeunesse, aux classes laborieuses, le langage convenable pour faire comprendre sans peine les rudiments de cette science. Depuis vingt ans il professe, avec un succès toujours croissant, dans les principales institutions de la capitale, et quand M. le Ministre de l'Instruction publique a voulu que des cours populaires de sciences naturelles fussent ouverts pour tous ceux qui recherchent l'instruction utile, c'est à M. Le Maout qu'il a confié cette honorable mission.

Nous sommes donc sûr, en offrant au public une Botanique descriptive sortie de la plume de M. Le Maout, de réunir toutes les conditions désirables pour la publication d'un livre sérieux par le fond, séduisant par la forme.

Nous nous adressons donc, avec la confiance d'un travail scrupuleusement accompli, aux personnes qui aiment et étudient la Botanique, aux classes savantes, industrielles et agricoles, et nous leur garantissons qu'elles trouveront dans ce livre toutes les notions relatives aux propriétés nutritives, médicinales, tinctoriales, textiles du règne végétal, avec les détails historiques sur les découvertes des plantes et la description des phénomènes intéressants observés par les savants et les voyageurs.

Un Volume broché............. **24 fr.**

Riche reliure mosaïque....... **28**

VOYAGE
AUTOUR DE MON JARDIN,

PAR

M. ALPH. KARR.

UN MAGNIFIQUE VOLUME TRÈS-RICHEMENT ILLUSTRÉ

de jolies gravures sur bois,

DE GRANDES FLEURS COLORIÉES A L'AQUARELLE

DE BEAUX SUJETS SUR BOIS

TIRÉS A PART.

Prix broché.............. **16 fr.**
Relié en mosaïque........ **21**

ARMORIAL UNIVERSEL

CONTENANT

les Noms et Armoiries de la Noblesse française et étrangère.

précédé d'un

TRAITÉ COMPLET DE LA SCIENCE DU BLASON,

PAR M. JOUFFROY D'ESCHAVANNES,

DEUX MAGNIFIQUES VOLUMES GRAND IN-8° DE 800 PAGES,

Chaque Volume : 25 francs.

CONTES DU TEMPS PASSÉ,

PAR

CH. PERRAULT,

Précédés d'une Notice littéraire,

PAR E. DE LA BEDOLLIÈRE,

ILLUSTRÉS PAR 100 MAGNIFIQUES GRAVURES SUR ACIER,

Prix : Brochés, 15 fr. — Cartonnés, 19 fr.

LE TOMBEAU

DE

NAPOLÉON Ier,

Érigé dans le dôme des Invalides,

PAR VISCONTI,

Architecte de S. M. l'Empereur.

Charmant Volume in-16 de 110 pages, orné de 50 gravures.

Prix : 1 fr., 5 fr. et 10 fr.

LE CUISINIER

LE MÉDECIN

OU

L'ART DE CONSERVER OU DE RÉTABLIR SA SANTÉ

Par une alimentation convenable,

SUIVI D'UN

LIVRE DE CUISINE

PAR

UNE SOCIÉTÉ DE MÉDECINS, DE CHIMISTES, DE CUISINIERS ET D'OFFICIERS DE BOUCHE,

SOUS LA DIRECTION DE

M. L.-M. LOMBARD,

DOCTEUR EN MÉDECINE DE LA FACULTÉ DE PARIS.

L'hygiène, c'est la santé ;
La santé, c'est la vie.

Prix : Broché, 10 fr. — Relié en percaline, 12 fr.

PROSPECTUS.

L'art de la cuisine mérite plus d'honneur qu'on ne lui en accorde généralement. La pratique de cette science exige des connaissances étendues, variées, un goût sûr, un tact parfait; elle s'exerce sur un vaste domaine, dont les trois règnes de la nature sont tributaires; maître de ces trésors, le cuisinier les réunit, les amalgame, les divise à son gré, leur fait prendre des formes nouvelles, et, pour ces transformations, il appelle à son aide la chimie et les puissants auxiliaires dont elle dispose.

Si des sommités de l'art nous descendons aux préparations qui se renouvellent chaque jour pour nos besoins et nos jouissances, il n'en est aucune qui n'ait à se perfectionner et à acquérir des qualités nouvelles par l'application des ressources infinies que la science met tous les jours à sa disposition.

On a compris la nécessité et l'importance de l'analyse appliquée à l'art culinaire; tout a été décomposé, et la connaissance des principes de chaque substance a permis des améliorations et des emplois nouveaux.

Les maîtres de la science se sont mis à l'œuvre, et de leurs ingénieuses expérimentations il est résulté une science nouvelle : la science culinaire ! Après Carême et Plumerey, les travaux de MM. Chevreul, Payen et Grandval, les découvertes d'Appert, l'art de conserver les substances alimentaires, perfectionné sans cesse et appliqué à la dessiccation des légumes, les immenses travaux pour l'amélioration du chocolat, arrivés aujourd'hui au dernier degré de perfection possible, les analyses faites sur les vins français et étrangers, l'excellente fabrication des liqueurs, ont mis en lumière l'importance de cet art que nous traitons, comme tous les biens que la Providence nous envoie, en indifférents et en ingrats !

Mais si la science culinaire s'est développée, l'hygiène a souvent été méconnue dans ses évolutions, et, cependant, qu'est-ce qu'une bonne cuisine sans un régulateur et un guide ?

Le mets le plus exquis, le plus étudié, le mieux préparé, peut jeter des perturbations profondes dans l'économie, si l'on ne fait attention, dans son emploi, aux prédispositions de ceux qui doivent en faire usage.

Quelle que soit la résistance que l'on oppose en général aux conseils du médecin, en tout ce qui concerne l'alimentation, il n'en est pas moins certain qu'attendre, pour l'appeler, que la maladie soit déclarée, est un acte d'imprudence; la plus grande partie des maladies serait évitée, si, par une prévoyance sage et l'étude de l'alimentation, les accidents, qui viennent à se déclarer étaient combattus à temps.

Nous avons pensé qu'il y avait une lacune dans la librairie, et qu'il était possible de la combler. Nous avons appelé le concours de la médecine au point de vue de l'hygiène, et nous lui avons demandé ses appréciations, ses conseils, ses prévisions, certain qu'avec un guide aussi sûr, beaucoup de maladies seraient détournées, beaucoup de convalescences seraient mieux dirigées, et qu'enfin la plupart des affections chroniques, qui demandent des soins constants, seraient conduites avec plus de prudence et de succès.

Est-ce à dire que nous ayons retranché de la cuisine toutes les préparations énergiques ou d'un effet plus ou moins irritant ? Nous nous sommes abstenu de ces rigueurs; nous avons exploré dans ses détails les plus secrets le vaste champ de l'art culinaire; nous en avons élargi les limites et nous avons soumis toutes choses à l'appréciation et à l'examen, en avertissant seulement du danger quand il devait se présenter.

Nous sommes sûrs que toutes les personnes qui tiennent à bien vivre, que tous les gourmands pour lesquels l'étude des choses de la table s'allie au plaisir de la dégustation, que toutes les mères de familles, pour la direction de leur maison et l'éducation hygiénique de leurs enfants, que tous les convalescents, que toutes les personnes atteintes de maladies chroniques, et, par conséquent, soumises à un régime particulier, qui doit prolonger leur existence, prendront pour conseiller et pour guide le livre que nous leur offrons.

Voici sur quelles garanties nous nous appuyons :

M. le docteur L.-M. Lombard, de la Faculté de Paris, a pris la direction du livre; un autre médecin, auquel ses travaux spéciaux donnaient une aptitude toute particulière, s'est chargé du Traité des tempéraments qui précède le Dictionnaire; cette partie hygiénique et médicale a été faite avec le plus grand soin et les détails les plus minutieux.

Nous avons puisé, dans le GUIDE AUX EAUX de M. le docteur Constantin

James, tous les renseignements sur les eaux minérales, plus spécialement sur celles dont on fait usage sur nos tables.

Pour ce qui concerne la partie culinaire, chaque spécialité nous a donné ses renseignements, qui ont été comparés et contrôlés avec soin; nous avons emprunté aux maîtres de l'art leurs meilleurs enseignements, en soumettant les recettes aux appréciations de deux chefs de cuisine distingués de ce temps-ci. M. Chevet nous a donné tous les documents nécessaires pour le découpage des viandes, et toutes nos figures ont été faites sous ses yeux. Les fromages ont été décrits avec un soin particulier et inusité jusqu'à ce jour. Les vins ont été l'objet de longues et sérieuses études, leur nomenclature est complète; l'indication de leurs propriétés, soumises à un rigoureux examen, n'a fait défaut que lorsqu'il a été impossible de se renseigner sûrement. La liste des fruits est au grand complet, et celle des légumes, empruntée aux meilleures sources, ne laisse rien à désirer. Nous avons donc épuisé pour ce livre tout ce qu'il est possible de recueillir, et nous pensons qu'en ouvrant ces pages, elles répondront toujours à l'interrogation que l'on aura à leur adresser.

L. CURMER.

PREMIÈRE PARTIE (238 pages).

Des tempéraments en général et des prédispositions organiques individuelles ou idiosyncrasies.

Des constitutions.

Des tempéraments selon les âges; — dans les sexes; — suivant les climats.

Des modifications apportées aux tempéraments par la nourriture.

Des tempéraments dans les maladies.

De l'hygiène considérée principalement au point de vue de la digestion et de la nutrition.

Phénomènes qui précèdent et suivent la digestion.

Variabilité de la digestion : ces règles d'hygiène en raison des âges, des sexes et des tempéraments, des climats, des saisons, des professions, des affections aiguës, de la convalescence et des constitutions maladives.

Influence des fonctions de l'organisme sur la digestion, rapports sympathiques de la digestion avec chacune d'elles.

Des éléments végétaux et animaux considérés au point de vue de leurs propriétés relativement nutritives, des maladies que développent leur abus ou leur usage exclusif.

Première classe d'aliments : aliments composés exclusivement ou dans des proportions très-grandes de fécule amylacée.

Deuxième classe d'aliments : substances azotées.

Troisième classe d'aliments : aliments dont la nature se rapproche de celle de la fécule et qui contiennent de la gomme, du mucilage et de la gélatine.

Quatrième classe d'aliments : acides végétaux unis à une substance mucilagineuse ou gélatineuse sucrée.

Cinquième classe d'aliments : aliments dont la base est huileuse ou grasse.

Des boissons.

DEUXIÈME PARTIE (368 pages).

SERVICE DE TABLE.

Tout ce qui concerne les devoirs du maître de maison et des convives. La manière de recevoir les invités. La tenue à table, les usages reçus et adoptés. — La manière de dresser les menus, de préparer le couvert pour chaque service. — Le mode de préparation de tous les plats qui sont offerts sur la table. — Les potages; leurs variétés. — Les hors-d'œuvre chauds et froids. — Les grosses pièces ou relevés de potage, les entrées qui les accompagnent. — Les rôtis et les entremets qui sont leur cortége. — Le dessert et le détail de tout ce qui entre dans sa composition. — Le service des vins, avant le dîner, pendant chaque service, et le dessert. — Le service du café et des liqueurs.

CUISINE, PATISSERIES, PETITS FOURS.

La confection de tous les mets français et étrangers, depuis les plus simples : *pot au feu*, *miroton*, *omelette*, jusqu'aux plus composés : *grandes sauces*, *grandes entrées*, *entremets sucrés* les plus compliqués. — Tout ce qui concerne la *broche*. La nature et les variétés des rôtis, le temps de cuisson nécessaire pour chacun selon le mode adopté, *cheminée*, *cuisinière* ou *coquille*. — La manière de découper les rôtis, les volailles, les gibiers, la venaison, les galantines, jam-

bons, etc. — La manière de faire les *abaisses*, les *pâtes*, les *pâtisseries*, les *petits fours*. — Les recettes pour la confection des sirops, compotes, liqueurs.

ENTRETIEN.

L'indication des meilleurs procédés pour l'entretien de la maison, de la cuisine, du linge de table, des porcelaines et cristaux, l'approvisionnement, les conserves, la batterie de cuisine, la coutellerie.

VINS.

La manière de conserver les vins, de les entretenir, l'indication de tous les crus de France et de l'étranger ; le moment du dîner où l'on doit les servir ; la quantité d'alcool qu'ils contiennent ; leurs prix en novembre 1854.

FROMAGES. — LÉGUMES. EAUX MINÉRALES. PROPRIÉTÉS HYGIÉNIQUES.

L'indication des propriétés de toutes les substances alimentaires, leur convenance dans les régimes indiqués pour les convalescents, les maladies chroniques leurs qualités nutritives, toniques, rafraîchissantes, échauffantes, diurétiques, aphrodisiaques, etc.

LIBRAIRIE RELIGIEUSE.

PAROISSIENS, LIVRES D'EGLISE et MISSELS.

Tous les Ouvrages de piété qui sortent de nos magasins sont approuvés par Monseigneur l'Archevêque de Paris et Nos Seigneurs les Archevêques et Evêques de France, et ornés de **Gravures sur acier, Frontispices en couleur rehaussés d'or,** appartenant à notre fonds et portant nos nom et adresse.

Nous n'avons aucun Dépôt dans Paris ni dans les départements, et seul nous pouvons offrir constamment un choix de plus de

2,500 PAROISSIENS RELIÉS ET GARNIS DE FERMOIRS ET ORNEMENTS DIVERS.

LIVRES D'OFFICES ET DE PRIERES.

Livre de mariage, contenant les cérémonies de la messe de Mariage, les prières de Baptême, les Relevailles; suivies de Lectures édifiantes sur le Mariage, le Baptême et les soins de la famille, Extrait des Pères de l'Eglise et des meilleurs écrivains modernes : texte encadré de jolis Ornements, avec un élégant Frontispice en couleur et plusieurs Gravures sur acier, un Patronaire et un Mémento pour les souvenirs de famille. Des places sont réservées dans les offices pour inscrire les noms des mariés, 1 charmant vol. in-16... 7 fr.

— velours, avec fermoir.. 20 à 25 fr.

Mêmes reliures, avec fermoir et coins en argent................. 35 fr.

— velours ou chagrin, avec encadrement en argent,..... 40 à 60 fr.

— Même reliure, avec fermoir et coins en argent ciselé,....... 70 fr.

Grand choix de ce livre avec garniture en argent, vermeil, ivoire, nacre et bois sculpté, du prix de,.............................. 50 à 500 fr.

Paroissien complet romain, formant un très-beau vol., texte illustré, avec des entourages de couleur. *Édition toute nouvelle,....* 10 fr.

Reliure en chagrin... 20 fr.

— en cuir de Russie, avec bandes d'argent....... 180 à 200 fr.

Heures nouvelles. Paroissien complet latin français; broché,.. 30 fr.

Reliure en chagrin... 45 fr.

Petites Heures nouvelles. Volume miniature in-64, orné de Gravures sur acier, texte encadré, fleurons, têtes de pages............ 2 fr. 50 c.

Reliure en chagrin... 5 fr.

— en cuir de Russie,............................... 20 fr.

Offices complets du matin et du soir, pour tous les jours de l'année. 5 vol. in-32, brochés............................... 25 fr.

Reliure en chagrin.. 55 fr.

Paroissien illustré. 1 magnifique vol. in-16, avec encadrements en couleur.. 15 fr.

Reliure en chagrin.. 20 à 25 fr.

Ce livre, avec garniture en argent, vermeil, ivoire et bois sculptés, du prix de 60 à 1,000 fr.

Heures choisies, ou Recueil de Prières pour tous les besoins de la vie, par Mme la marquise d'ANDELARD ; revu, corrigé et augmenté, par Monseigneur MORLOT, archevêque de Tours. 1 vol. in-16, avec des encadrements ; reliure en chagrin............................... 16 à 22 fr.

Eucologe, ou Livre d'église, latin et français, contenant les Messes et les Vêpres de tous les dimanches et fêtes de l'année. 1 gros volume in-18 ; reliure en chagrin............................... 13 à 20 fr.

Office de la Semaine sainte, ou Quinzaine de Pâques, latin et français. 1 vol. in-18 ; reliure en chagrin............... 10 à 18 fr.

La Journée du Chrétien, par saint FRANÇOIS DE SALES. 1 joli volume in-18, illustré avec des encadrements en bistre ; reliure en chagrin.. 20 fr.

Riche reliure en maroquin du Levant, à biseau et relief, ornements en vermeil.. 75 fr.

Il ne reste plus que quelques exemplaires de ce livre.

Livre de Deuil, contenant les Psaumes de la Pénitence, les Prières avant la mort, l'administration des Sacrements, l'Office des morts, la Messe des funérailles, le Cérémonial de l'inhumation, la Messe de commémoration, et la Messe pour les anniversaires. 1 beau et fort volume in-18 de 650 pages.. 4 fr.

Reliures en chagrin..... .... 12 à 20 fr.

— noires spéciales avec tranches noires et arg.... 35 à 60 fr.

Petit Missel in-18, avec cent images en chrome, reliure chagrin.
Reliure velours.

Dieu est l'amour le plus pur, ou Prière et ma Contemplation, par ECKARTSHAUSEN. 1 très-beau volume grand in-32 ; reliure en chagrin. .... 7 à 15 fr.

Livre de première communion, approuvé par Monseigneur l'archevêque de Paris. 1 vol. in-32................................ 4 fr.

Reliure en mouton doré.................................. 6 fr.

— en chagrin..................................... 10 fr.

— en velours, et fermoir........................... 15 fr.

Même reliure, avec 4 coins.............................. 20 fr.

Certificats de baptême et Cachets de première communion et de confirmation, imprimés en couleur et en or. Une feuille in-folio .

Numéro 1, en bistre.................................... 1 fr.

Numéro 2, en six couleurs. .... 3 fr.

Numéro 3, en neuf couleurs, très-riche................ 6 fr.

IMITATION
DE JÉSUS-CHRIST.

Nous avons constamment un magnifique assortiment de toutes les traductions de l'IMITATION, format grand in-8°, in-12, in-16, avec de belles gravures spéciales pour chaque exemplaire, notamment celles de MM. DASSANCE, DARBOY, BAUTAIN, LAMENNAIS, celles de GONNE-LIEU, celles du P. LALLEMANT et MARILLAC.

Prix : de 5 fr. à 80 fr., et au-dessus.

LES SAINTS ÉVANGILES

SELON

saint Matthieu, saint Marc, saint Luc et saint Jean.

Précédés d'un DISCOURS PRÉLIMINAIRE extrait de Bossuet, et d'une NOTICE HISTORIQUE SUR LES QUATRE ÉVANGÉLISTES ; suivis d'une NOTICE SUR JÉRUSALEM ANCIENNE ET MODERNE ET LES LIEUX SAINTS, extraite de d'Anville, de MM. de Châteaubriand, de Lamartine, Michaud et Poujoulat. — DEUX SPLENDIDES VOLUMES grand in-8°, même format que l'*Imitation de Jésus-Christ*, illustrés par TREIZE GRAVURES sur acier, et ornés de Vues, Sites et Monuments dessinés d'après les renseignements les plus scrupuleux.

Prix : de 60 à 100 fr.

DISCOURS
SUR L'HISTOIRE UNIVERSELLE,

PAR **J.-B. BOSSUET**, ÉVÊQUE DE MEAUX

PRÉCÉDÉ

d'une **Notice littéraire** par **M. Tissot**, de l'Académie française.

DEUX MAGNIFIQUES VOLUMES grand in-8°, imprimés avec le plus grand luxe, illustrés par DOUZE GRAVURES, sur acier, du plus beau style, d'après Murillo, Herrera le vieux, Philippe de Champagne, H. Rigaud, MM. Tony Johannot, Decaisne et Meissonnier ; FRONTISPICE EN COULEUR REHAUSSÉ D'OR, texte entouré dans de riches bordures, frontispices et faux-titres dessinés par A. Chenavard, MM. Friès et A. Fréart.

Prix : 100 à 150 fr.

LES FÊTES

DE

L'ÉGLISE ROMAINE,

PAR M. GALOPPE D'ONQUAIRE.

OUVRAGE ACCOMPAGNÉ DE RÉFLEXIONS,
COMMENTÉ ET EXPLIQUÉ PAR LES PÈRES DE L'ÉGLISE ET LES ORATEURS
DE LA CHAIRE CATHOLIQUE ;

PUBLIÉ AVEC L'AGRÉMENT

De Notre Saint-Père le Pape,

De NN. SS. les Archevêques de Paris, Bourges, Sens, Toulouse, Tours,
Et les Évêques d'Agen, Angers, Autun, Bayeux, Beauvais, Belley, Carcassonne, Dijon,
Fréjus, Gap, Nantes, Orléans, Pamiers, du Puy, Quimper,
Rennes, Saint-Dié, Saint-Fleur, Soissons, Strasbourg, Troyes, Versailles.

ET COMPOSÉ POUR LES FIDÈLES, LES MÈRES DE FAMILLE, LES COMMUNAUTÉS RELIGIEUSES,
ET POUR ÊTRE OFFERT EN SOUVENIR DE PREMIÈRE COMMUNION.

Un magnifique volume grand in-8 jésus,
Avec gravures d'Overbeck et Steinle, 15 fr. — Riche reliure mosaïque, 21 fr

---

LE CHEMIN DU SALUT,

PRIÈRES DE L'ÉGLISE, CANTIQUES, HYMNES, ANTIENNES, INVOCATION AUX SAINTS PATRONS

Collection de jolis textes encadrés dans de charmantes bordures
en cinq couleurs, rehaussées d'or.

Ces jolies prières sont destinées à être offertes aux jeunes personnes, à
être insérées dans les livres de messe, à être données en rémunération dans
les maisons d'éducation, dans les communautés religieuses. La suite complète
de ces prières formera la collection des dessins employés dans les manuscrits
depuis le XIe siècle jusqu'au XVe, et présentera ainsi une histoire de l'art en
même temps que des dessins isolés de la plus rare beauté.
Cette belle collection est complète et forme un charmant volume.

Se vend en feuilles................ 154 fr.
Reliures de...... 30 fr. à 500 et 1.000 fr.

IMITATION
DE JÉSUS-CHRIST,

traduite

PAR **MARILLAC**.

Grand in-8° de 450 pages, avec Encadrements différents
à chaque page, extraits des plus beaux Manuscrits connus,

ORNÉE DE 12 BEAUX DESSINS IMPRIMÉS EN COULEUR,

Tirés du beau manuscrit d'Anne de Bretagne, déposé au Musée des Souverains.

Cet ouvrage se compose de 24 livraisons : 12 à 10 fr., avec 32 pages
de texte et un dessin, et 12 à 5 fr. avec 32 pages de texte.

ON SOUSCRIT A LA LIBRAIRIE L. CURMER, RUE RICHELIEU. 47.

INTRODUCTION
A LA VIE DÉVOTE.

PAR SAINT FRANÇOIS DE SALES,

Un Volume grand in-8° de 500 pages,

Faisant suite à l'IMITATION avec les mêmes Encadrements et les
mêmes Dessins en noir PRÉPARÉS POUR ÊTRE COLORIÉS.

16 livraisons à 6 francs.

LA
SAINTE BIBLE,

TRADUITE DE LA VULGATE,

PAR

LEMAISTRE DE SACY,

5 beaux Volumes in-4° de 400 pages, sur papier superfin des Vosges.

ILLUSTRÉS DE

50 MAGNIFIQUES GRAVURES SUR ACIER.

Les 500 premiers Souscripteurs reçoivent en prime le splendide portrait en pied

de Monseigneur AFFRE, Archevêque de Paris,

MARTYR DE SA CHARITÉ,

Ce superbe portrait est gravé par DESMADRYL,
d'après le tableau de AIFFRE.

Cet important Ouvrage, chef-d'œuvre de la typographie, a été honoré de la haute approbation de Mgr L'ARCHEVÊQUE DE PARIS.

Prix : 125 fr. l'exemplaire broché.

Paris. — Imprimerie PAUL DUPONT, rue de Grenelle-Saint-Honoré, 45.

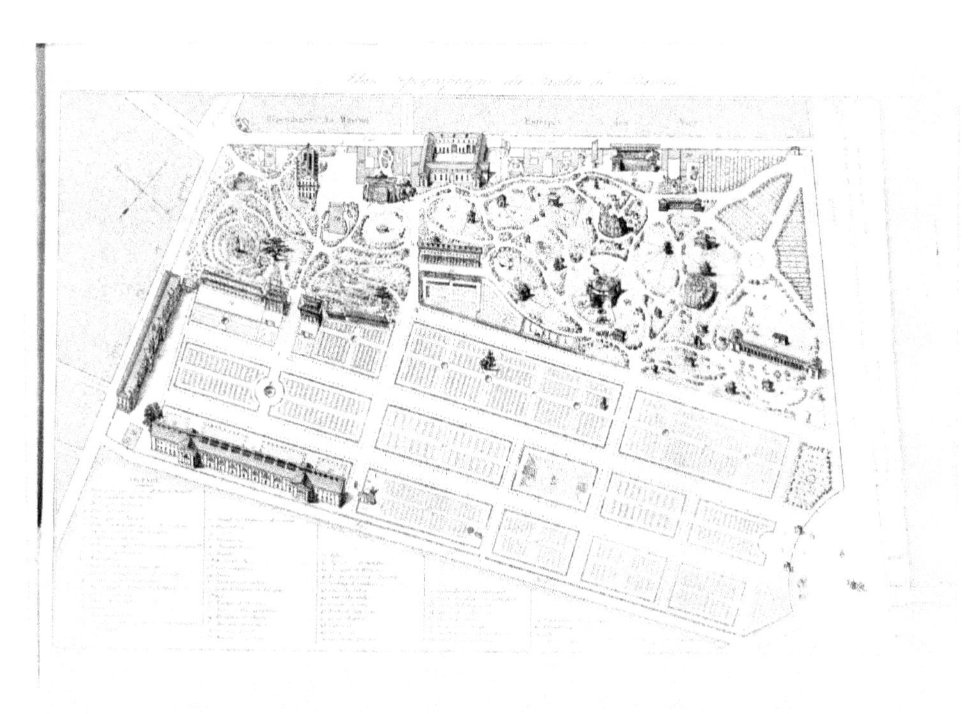

ILLUSTRATIONS

DES

HEURES NOUVELLES

PAR

Fréd. Overbeck,

GRAVÉES PAR

MM. Keller, Butavand et Steifensand.

RED. :

16

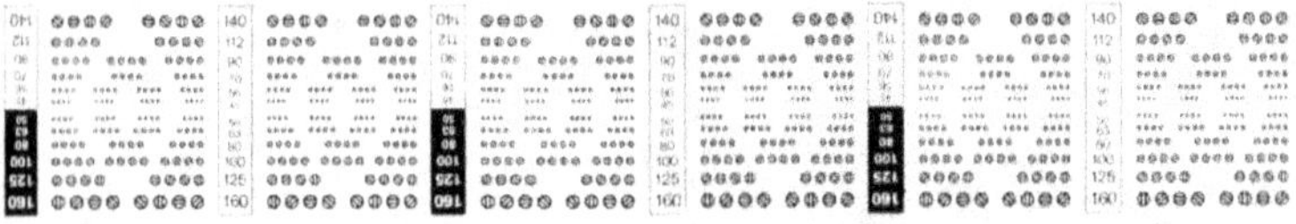

9 782329 212074